New Concept of the Municipal Infrastructure Design in Sino-Singapore Tianjin Eco-city

中新天津生态城市政基础设施设计新理念

李忠锋　主　编

张　勇　周国华　刘润有　副主编

人民交通出版社股份有限公司
China Communications Press Co.,Ltd.

内 容 提 要

本书系统梳理和总结了中新天津生态城市政基础设施建设的经验。以规划及设计理念为统领,涉及生态城道路、桥梁、排水、泵站、照明及智慧市政等方面的设计和建设成果。本书充分结合绿色交通、桥梁美学、海绵城市、智慧城市等当前城市建设的热点理念和趋势进行了探讨、研究和应用,为我国其他城市设计建设提供了一套珍贵样板。

本书可供市政工程设计、建设及管理人员,以及高校相关专业的教师和学生学习和参考。

图书在版编目(CIP)数据

中新天津生态城市政基础设施设计新理念 / 李忠锋主编. — 北京 : 人民交通出版社股份有限公司,2018.10

ISBN 978-7-114-14990-0

Ⅰ. ①中… Ⅱ. ①李… Ⅲ. ①市政工程—基础设施—设计—研究—天津 Ⅳ. ①TU99

中国版本图书馆 CIP 数据核字(2018)第 205010 号

书　　名: **中新天津生态城市政基础设施设计新理念**
著 作 者: 李忠锋
责任编辑: 李　晴
责任校对: 刘　芹
责任印制: 张　凯
出版发行: 人民交通出版社股份有限公司
地　　址: (100011)北京市朝阳区安定门外外馆斜街 3 号
网　　址: http://www.ccpress.com.cn
销售电话: (010)59757973
总 经 销: 人民交通出版社股份有限公司发行部
经　　销: 各地新华书店
印　　刷: 中国电影出版社印刷厂
开　　本: 787 × 1092　1/16
印　　张: 12.75
字　　数: 183 千
版　　次: 2018 年 10 月　第 1 版
印　　次: 2018 年 10 月　第 1 次印刷
书　　号: ISBN 978-7-114-14990-0
定　　价: 98.00 元

本书编委会

主　编

李忠锋

副主编

张　勇　周国华　刘润有

编　委

（按姓氏笔画排列）

王　刚　刘　洋　刘　鹍　安玉峰　李　斌

李宏祥　李曦淳　位　树　宋广君　张　栋

张运山　张易凯　苑红凯　郑博一　孟宪章

胡详文　秦忠强　徐志强　曾　伟　谢沛祥

序

随着城市化浪潮在全球范围内不断推进，城市发展面临新的严峻挑战，交通拥堵、资源紧张、环境恶化、气候变暖等问题日益加剧。我国正处于新型工业化、信息化、城镇化、农业现代化快速发展时期，到2020年，预计人口将达到14亿，城镇化率将达到60%。世界银行估计，今后20年，我国城市人口将再增加3.5亿。这种大规模城镇化，在人类历史上是前所未有的。

2007年11月18日，时任国务院总理温家宝与新加坡总理李显龙签署了在天津滨海新区建设生态城市的框架协议，拉开了我国生态城市建设大潮的帷幕。建设中国-新加坡天津生态城，是两国政府共同倡议并积极推动的继苏州工业园之后的又一重大合作项目，是我国探索新型城镇化、推进经济转型升级的重要试验载体，是我国应对全球气候变化、节约资源能源、保护环境的重大战略部署。

十年来，天津生态城按照中新两国政府确定的“成为其他城市可持续发展样板”的历史使命，围绕生态环境、生态经济、生态社区、生态文化、生态技术等重点领域，突破资源束缚，勇于创新，大胆实践，由无到有，从小至大，在盐碱荒滩上呈现出了一座具有未来意义的生态新城，初步探索了一条可持续发展的城市化和产业化新路，初步回答了什么是生态城以及如何建设生态城这一重大的历史性课题。

在生态城市政基础设施设计及建设过程中，项目组以中新天津生态城总体规划为指导，以22项控制性指标和4项引导性指标为导引，从城市设计的角度出发，摒弃单纯解决各个专业问题的局限性，用系统理念分析解决问题，妥善处理交通、结构、排水、景观、照明等专业与其他系统的各种矛盾，确立了“尊重规划，合理优化，在满足功能和安全的前提下，体现生态城‘生态、环保、节能、宜居、和谐’的总体要求，努力打造资源节约型、环境友好型宜居示范新城，达到能实行、能复制、能推广”的总体设计思路。贯彻过程相协调、专业相衔接、区域相融合，与传统功能区的市政基础设施设计相比，生态城项目在创新设计理念的同时，更加注重城市设计、交通设计、景观设计及细部设计。

本书通过梳理生态城十年的建设发展历程,在市政基础设施方面,对道路交通、桥梁、排水、泵站、照明及智慧市政的设计理念进行了系统总结,为现有城市或规划建造的新城提供了可持续发展的样板。

作　者

2018 年 6 月

目　录

第1篇

规划及设计理念

1.1　生态城市的发展历程

1.1.1　生态城市概述

随着城市化飞速发展，随之而来的环境污染、资源枯竭、交通拥挤、土地紧张等城市问题接踵而来。一方面，严峻的城市环境现状迫使人们反思以往的城市建设模式和理念，重新审视科学技术对城市发展的“双刃剑”作用。另一方面，在城市人的意识深处，有一种新生的渴望越来越迫切——在不愿放弃城市便利舒适生活的同时，又希望拥有乡村宁静恬淡的生活。人们的这种意识，可以认为是生态城市思想的萌芽和原始动力。这种思想的形成是潜移默化的，它是经历了上千年的时间逐步形成的。

“生态城市”是 1971 年联合国教科文组织在“人与生物圈”计划研究过程中提出的一个概念。它的提出是基于人类生态文明的觉醒和对传统工业化与工业城市的反思，标志着人类社会进入了一个崭新的发展阶段。它是指按生态学原理实现经济、社会和自然三者协调发展，物质、能量和信息高效利用，生态良性循环的城市化发展模式。生态城市的发展目标是人与自然的和谐，包括人与人和谐、人与自然和谐以及自然系统和谐。

生态城市是人们对人和自然关系的认识不断升华的结晶。当前，世界上普遍认为生态城市是未来城市发展的必然趋势，建设和完善生态城市已成为实施可持续发展战略的重要方式和内容，是解决城市可持续发展的最佳途径，同时也是人与自然和谐相处的一种新的聚居模式。生态城市已超越传统意义上的“城市”的概念，超越了单纯环境保护与建设的范畴，它融合了社会、经济、技术和文化生态等方面的内容，强调实现社会-经济-自然复合共生系统的全面持续发展，其真正目标是创造人-自然系统的整体和谐。它体现的是广义的生态观，强调生态上的健康,是社会系统与自然系统高度和谐的城镇发展模式,是现代城市建设的新阶段。

1.1.2 目前我国生态城市的建设情况

20 世纪 70 年代,生态城市的概念出现,并迅速在我国理论界和城市建设中得到重视。人们越来越意识到建设生态城市的重要性和迫切性,许多省市纷纷提出建设生态城市。从 1986 年江西省宜春市提出建设生态城市以来,上海、天津、哈尔滨、重庆、常州、成都、秦皇岛、日照、贵阳、唐山、襄樊、长春、长沙等城市相继行动,海南、吉林、陕西、福建、山东、安徽、江苏、浙江等十几个省份也都提出了建设生态城市的奋斗目标。但我国的生态城市建设仍处于起步阶段,还未建成一个真正的生态城市。

归纳起来,我国生态城市建设包括环境、经济、社会三个层面。环境层面:突出对自然环境的保护和人工环境的营造。经济层面:解决好经济发展与环境保护、资源利用与循环再生、污染整治与源头控制等关键问题。社会层面:加强公众参与,建立公众参与生态城市规划的正常渠道。

目前,我国大多数城市以长远目标和分步行动相结合、整体规划和地方着手相结合来进行生态城市建设。各城市根据其城市发展状况以及生态环境质量,制订相应的生态城市建设总体目标、分阶段目标以及短期行动计划。

如上海生态城市建设分三个阶段进行。第一阶段:到 2005 年建成国家园林城市。总体环境质量处于全国大城市先进水平,水清岸洁,空气优良,成为国际国内适宜生活居住的城市之一。第二阶段:到 2010 年,形成上海生态型城市的框架,世博会举办时,主要环境指标与国际标准接轨,可持续发展能力不断增强,生态环境影响得到改善,资源利用效率显著改善。第三阶段:基本建成生态型城市,到 2020 年达到同类型国际化城市的环境水平。

从空间和横向上看,生态城市建设先从小规模的生态社区、生态村镇着手,然后逐渐延伸扩展到建设生态城区、生态县市,最后集量变为质变,形成具有较大规模的“生态城市”。

尽管生态城市已经成为社会的热点,世界各国及我国的许多城市都提出了建设生态城市的目标。但到目前为止,世界上还没有一个真正意义上的生态城市。各国对生态城市有着不同的理解,至今关于生态城市仍然没有一个公认的定义和清晰的概念。因此,各国的生态城市建设的规划者和实施者在具体操作过程中存在着很大的差别。

生态城怎么建设?这是一道人们正在积极求解的难题。本书通过梳理生态城10年的建设发展历程,在市政基础设施方面,对道路、桥梁、排水、照明及智慧市政方面的设计理念进行了系统总结,为已有城市和规划建造的新城市提供了可持续发展的样板。

1.2　中新天津生态城建设情况

1.2.1　建设背景

2007年11月18日,时任国务院总理温家宝和新加坡总理李显龙共同签署《中华人民共和国政府与新加坡共和国政府关于在中华人民共和国建设一个生态城的框架协议》,原建设部与新加坡国家发展部签署了《中华人民共和国政府与新加坡共和国政府关于在中华人民共和国建设一个生态城的框架协议的补充协议》,确定中国和新加坡两国政府合作建设中新天津生态城。这是两国政府改善生态环境、建设生态文明的战略性合作项目,是继苏州工业园之后两国合作的新亮点,显示了中新两国政府应对全球气候变化、加强环境保护、节约资源和能源的决心。

按照两国协议,中新天津生态城将借鉴新加坡先进经验,在城市规划、环境保护、资源节约、循环经济、生态建设、可再生能源利用、中水回用、可持续发展以及促进社会和谐等方面进行广泛合作。两国政府统筹安排、协调合作，努力打造“资源节约、环境友好、经济蓬勃、社会和谐”的生态城市，建设“生态、环保、节能、自然、宜居、和谐”的示范区（图 1.1），为建立人与人和谐共存、人与经济活动和谐共存、人与环境和谐共存，达到能实行、能复制、能推广的生态城市奠定了良好的基础。

图 1.1 “生态、环保、节能、自然、宜居、和谐”的示范区

中新天津生态城位于我国东部、环渤海地区的中心、京津城市发展轴的北侧、天津滨海新区内，距离滨海新区核心区 15km、距离天津中心城区 45km、距离北京 150km、距离唐山 50km。规划范围为东至汉北路和中央大道，西至蓟运河，南至永定新河入海口，北至规划的津汉高速公路，总面积约 30km^2。选址周边临近滨海新区产业功能区，如北塘经济区、天津经济技术开发区等，具有良好的交通和基础设施配套条件，可为生态城提供水、气、电、热、通信等基础设施保障，有利于生态城在短时期内取得发展成效。中新天津生态城区域位置及地理位置如图 1.2、图 1.3 所示。

1.2.2 建设目标

滨海新区是国家综合配套改革试验区，在全国改革开放和自主创新方面发挥着重要作用。作为滨海新区的重要组成部分，中新天津生态城的城市职能应与滨海新区定位相衔接，不仅要将生态宜居功能作为主要发展目标之一，更要贯彻生态经济理念，通过建立新型国际技术和经贸合作机制、建立与生态产业发展相适应的投融资体制等政策措施，以科技创新引领，构筑高层次的产业结构，构建国际一流生态型产业体系和现代服务业体系，成为国际生态环保技术的策源地、总部基地和引领可持续发展的示范区，提升服务能力，增强综合实力和国际竞争力，与各产业功能区相互补充、紧密衔接，促进滨海新区开发开放，为改革开放和自主创新提供保障。

图1.2　区域位置示意图

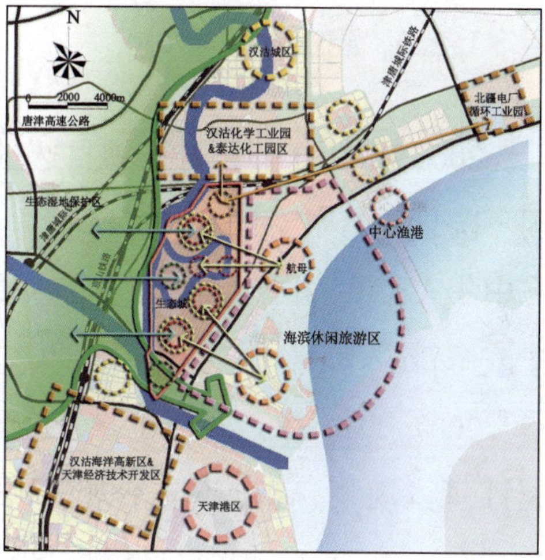

图1.3　地理位置示意图

1）发展目标

建设科学发展、社会和谐、生态文明的示范区；建设资源节约型、环境友好型社会的示范区；建设体现天津地域文化特色和时代特征的、生态宜居的国际化滨海新城。

2）建设指标

（1）经济蓬勃高效：大力发展以循环经济和生态产业为主的生态经济，构筑以高新技术产业和现代服务业为主的产业结构。经济发展速度与质量、能源消费弹性系数、综合实力国际竞争力等主要经济指标位居天津全市前列。

（2）生态环境健康：环境治理、生态修复、节能减排、空气质量、水环境、人均绿化面积等指标位居全国前列。

（3）社会和谐进步：提供良好的教育和充足的就业岗位，全面建立完善的社会保障体系、住房保障体系和公共服务体系，实现社会各群体的和谐、融合。

(4)文化传承弘扬:保护物质文化遗产和非物质文化遗产,历史文化与现代文化相互交融,塑造地域特色和文化品位。建设生态文明,推行绿色健康的生产方式、生活方式和消费方式。

(5)区域协调融合:在环渤海、京津冀区域和滨海新区层面,建立完善的区域协调机制,促进资源优化配置和环境共建,实现区域和谐发展。

1.2.3 建设过程

2007 年 4—11 月,合作项目选址落户天津滨海新区。同年 11 月 18 日,时任国务院总理温家宝与新加坡总理李显龙签署《中华人民共和国与新加坡政府关于在中华人民共和国建设一个生态城的框架协议》,标志着生态城项目正式落户天津滨海新区。

2007 年 11 月—2008 年 9 月,建立管理体制、成立开发主体、编制指标体系、制订总体规划、启动环境治理、开展土地储备、启建基础设施、建成服务中心。2008 年 9 月 28 日,时任国务院总理温家宝和新加坡前国务资政吴作栋专程莅临生态城,听取总体规划汇报,随后出席生态城开工奠基仪式。

2008 年 9 月至今,全面建设阶段。截至 2017 年 12 月,累计建设完成道路 81.3km(道路面积 153 万 m^2)、雨水管道 161.7km、污水管道 108.4km、中水管道 110.6km、桥梁 3 座(惠风溪桥、中生跨故道一桥、经六跨故道二桥)、雨水泵站 3 座(14.5m^3/s、13.6m^3/s、20m^3/s)、污水泵站 1 座(0.3m^3/s)、雨污合建泵站 1 座(14m^3/s、1m^3/s)、公交首末站 1 座、慢行铺装 192480m^2。

1.3 中新天津生态城建设条件

1.3.1 基本情况

生态城是在三分之一废弃盐田、三分之一盐碱荒地、三分之一污染水面的基础上建设的(图1.4),因此,严酷的现实条件和高起点的规划要求是本项目显著的特点。

图1.4　三分之一废弃盐田,三分之一盐碱荒地,三分之一污染水面

生态城建设前的基本情况可以总结为以下几个方面:

(1)区域严重缺水,无排蓄设施;

(2)软土分布厚,地表承载力低;

(3)地下水位高,地表排水不畅;

(4)土质盐渍化,构筑物腐蚀严重;

(5)塑性指数高,土源干缩变形大。

1.3.2　自然概况

(1)气候条件

中新天津生态城的气候属于大陆性半湿润季风气候,四季特征分明。春季多风,干旱少雨;夏季炎热,雨水集中;秋季天高气爽;冬季寒冷,干燥少雪。年平均气温12.5℃,最高气温39.9℃,最低气温-18.3℃。年平均降雨量602.9mm,降水多集中在7、8月,占全年降水量的60%。年蒸发量为1750~1840mm,是降水量的3倍左右。每年1~3月西北风最多;4~6月以南风居多;从7月开始到9月东风最多;10~12月,西北风、西南风最多。年平均日照时数为2898.8h,平均日照百分率为64.7%。

(2)土壤条件

土壤为近代河流冲积物和海相沉积物交互作用形成,土层深厚,质地均一,结构简单、层次不明,土壤黏重呈棕黄色,含盐量较高。潮土主要分布于蓟运河两岸,盐土主要分布于沿海地区及营城镇,沼泽土主要分布于营城水库周围。

(3)水文条件

中新天津生态城选址涉及永定新河和蓟运河,其中永定新河的主要功能是泄洪,兼有蓄水、排涝的功能,由于河道淤积,断面缩窄和堤防下沉,过流能力由原设计的50年一遇(1400m^3/s),降低至5年一遇(380m^3/s)。

(4)地质条件

规划区内地质条件复杂,有天然地基承载力不均、地面沉降、土壤盐渍化、污染土以及砂土液化现象。整体而言,地段南部的地质条件优于北部。

规划区东北部天然地基基本土质较好,强度较大,可作为天然地基持力层采用。规划区南部天然地基土层承载力低,以淤泥质土为主,一般不能作为永久性建筑物天然地基采用。规划区北部地面沉降量较大,规划区南部地面沉降量相对较小。规划区内总体呈由南向北沉降量及沉降速率逐渐增大的趋势。规划区内地下能源资源利用主要可提供清洁、可持续利用的供暖和制冷能源。规划区处于滨海地热田内,地下含有热水资源。规划区表层土以盐渍土及污染土为主。砂土液化主要分布于规划区中北部。规划区内均有以南部八一盐场的盐田为主的盐渍土分布。

(5)地形特征

地势较高的区域位于彩虹桥以东、八一盐场沿汉北公路南侧、青坨子村、蛏头沽村、污水库以西、蓟运河故道以东。地势较低的区域位于蓟运河故道河湾,河湾内及其北部区域地势均较为低洼易涝(图1.5)。低洼区填土后的情况如图1.6所示。

1.3.3 现状概况

(1)区位条件

选址用地区位优势明显,距天津中心城区45km,距北京150km,距唐山

50km,距滨海新区核心区 15km,距天津滨海国际机场 40km,距天津港 20km,距曹妃甸工业区 30km,便于利用各种城市资源。选址用地东临正在建设的北疆电厂循环经济示范区,北接汉沽老城,西南为滨海新区核心区(包括天津经济技术开发区、天津港、天津港保税区和正在规划建设的滨海中心商务商业区)(图 1.7)。选址具有良好的城市和产业依托,具备建设生态城的优越条件。

图 1.5　地势低洼易涝

图 1.6　填土后情况

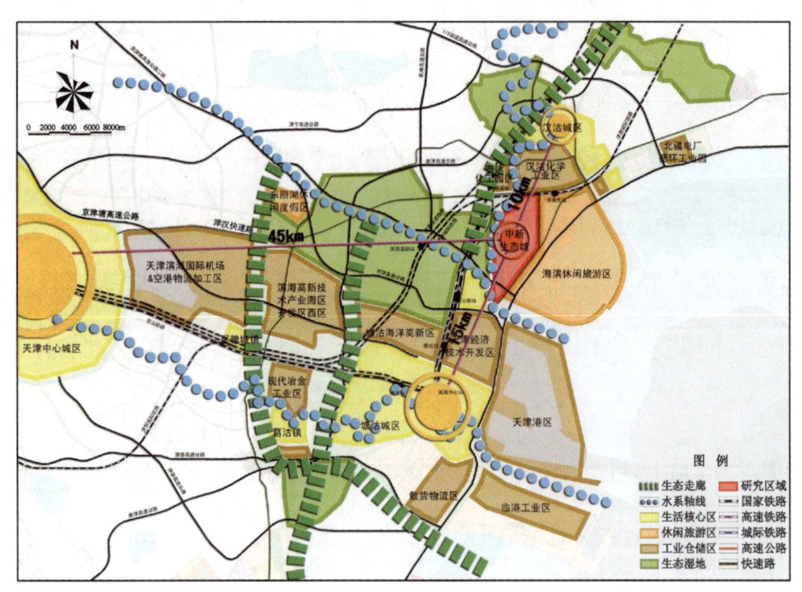

图 1.7　项目区位图

(2)交通条件

选址周边有国家客运专线(高速铁路)、城际铁路(公交化高速铁路)、普铁和城市轨道交通(轻轨),构成连通天津中心城区、滨海新区、北京市及周边城市的快捷的轨道交通网络。

规划的京津唐城际铁路沿津汉高速公路方向从该选址范围北侧通过,并在选址区东北部2km处设有城际车站,方便与北京、天津中心城区、唐山的联系。其中,北京南站至天津东站段已于2005年7月开工建设,并于2008年8月1日投入运营。

规划的天津至秦皇岛的津秦客运专线(高速铁路),在汉沽设有车站,距生态城项目约4km。2008年开工,并于2013年12月1日正式通车。

中心城区地铁9号线(津滨轻轨),延伸至生态城并设站,使从生态城可直达天津中心城区。

规划的滨海新区轨道交通Z4线沿中央大道穿越生态城,是串接滨海新区南北片区与核心区的骨干线路,目前正在建设中。

(3)公路条件

选址周边公路交通设施完善,与中心城区和滨海新区核心区交通联系便捷。选址范围内现状主要干道为汉北路。规划有海滨大道、京津塘二线、津汉快速公路和中央大道。海滨大道位于选址东侧,规划为高速公路,是贯穿滨海新区并与河北省相连通的主要干道,已于2010年年底全线竣工通车。

规划津汉高速公路由选址范围北侧通过,与海滨大道高速将形成连通中心城区与塘沽城区至河北省唐山、南堡及曹妃甸港方向的便捷通道,已于2017年全线建成通车。

规划中央大道从选址东侧通过,是滨海新区内连通汉沽、塘沽城区和大港的主要干道,已于2010年全线建成通车。

道路交通规划如图1.8所示。

(4)市政基础设施配套现状

市政基础设施条件较为完备,为中新天津生态城提供了水、气、电、热、通信等基础设施保障。

图 1.8　道路交通规划图

目前生态城用水主要依靠地下水,在汉沽区设有汉沽水厂。该地区供电电源来自汉沽 220kV 变电站、塘沽区孟港后 220kV 变电站、营城 110kV 变电站、茶店 110kV 变电站。该地区通信由汉沽区网通公司提供。现状汉北路上有一条 ϕ600 高压天然气管道。位于规划区东北侧的北疆热电厂正在建设。现状基础设施如图 1.9 所示。

按照规划,该地区的用水由汉沽水厂及规划的汉沽海水淡化水厂提供。污水可排入在建的营城污水处理厂,规模为 50 万 t/d。近期污水厂建成后,处理量可达到 10 万 t/d,每日可生产 5 万 t 的再生水。该地区供电纳入滨海新区供电系统,建立 220kV 高压送电网,110kV、35kV 高压配电网,10kV 中压配电网和 380/220V 低压配电网构成的供电结构体系。在选址范围内规划安排一座电话局,在建成前由汉沽区电话局提供服务。规划区气源为陕北天然气。由规划北疆热电厂为规划区提供热源。

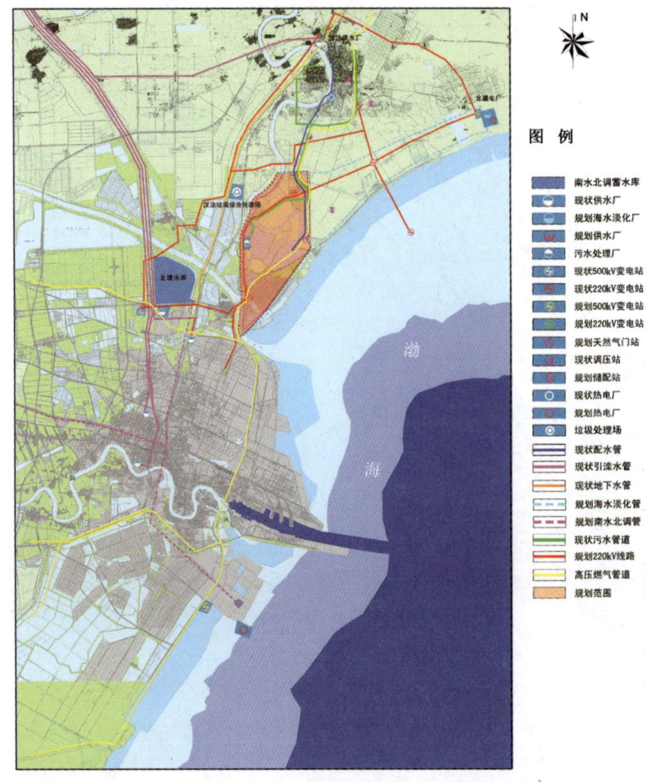

图 1.9 现状基础设施图

1.3.4 工程地质评价

(1)工程地质概况

滨海新区地层结构总体上分布比较均匀,海陆相沉积交互关系明确,埋深在100m以上的地基土从上至下属于第四系全新统、上更新统和中更新统沉积。

全新统(Q4):底界埋深一般约为23~27m,包括:①人工堆积(Qml)人工填土层;②新近组(Q43N)新近冲积层坑底淤积(Q43Nsi)和故河道、洼淀冲积(Q43Nal);③上组(Q43):河床~河漫滩相沉积(Q43al)第Ⅰ陆相层;④中Q42M组(Q42):浅海相沉积(Q42m)第Ⅰ海相层;⑤下组(Q41)第Ⅱ陆相层沼泽相沉积(Q42h)和河床~河漫滩相沉积(Q41al)。

上更新统(Q3):底界埋深78~100m以下,包括:①五组(Q3e):河床~河漫滩相沉积(Q3eal)第Ⅲ陆相层;②四组(Q3d):滨海~潮汐带沉积(Q3dmc)第Ⅱ海相层；③三组（Q3c）：河床～河漫滩相沉积（Q3cal）第Ⅳ陆相层；④二组（Q3b）：浅海～滨海相沉积（Q3bm）第Ⅲ海相层；⑤一组（Q3a）：河床～河漫滩相沉积（Q3aal）第Ⅴ陆相层。

中更新统上组（Q2-3）：滨海～三角洲相沉积（Q2-3mc）第Ⅳ海相层。

（2）工程地质条件与评价

中新天津生态城区域属典型的软土地区，特点是海相层（第一海相层）淤泥和淤泥质土普遍分布，厚度较大，工程性质差，强度低，一般地基承载力特征值 f_{ak} 不超过80kPa，压缩性高，处于欠固结状态，超固结比OCR在0.4～0.8范围内。

1.3.5　水文地质评价

场区浅层地下水属第四系潜水，地下水主要受大气降水及沟渠水渗透补给，并以蒸发等方式排泄。勘察期间工程场区静止地下水位埋深1.80～2.40m，高程0.62～1.42m。

地下水对混凝土结构有弱～中腐蚀性，局部有强腐蚀性。

1.3.6　地震基本烈度

根据《中国地震动参数区划图》及《中国地震动反应谱特征周期区划图》，该场地地震设防烈度为8度，地震动峰值加速度为0.20g，设计地震分组为第一组。根据波速估算，本场地类别为Ⅲ类，场地土类型为中软土。

1.4　总体规划

中新天津生态城总体规划由中国城市规划设计研究院、天津城市规划设计研究院和新加坡市区重建局设计团队分别编制，经过综合汇总后形成规划方案，并经国内外知名专家论证和天津市规划委员会审议通过。2008 年 4 月 8 日,中新天津生态城联合工作委员会(以下简称“联委会”)在新加坡召开第二次会议,审议并通过了中新天津生态城总体规划。联委会决定中新双方分别在两国进行方案公示,广泛征询民众意见,待方案修改完善后,报天津市人民政府批准。

规划期限:近期,2008—2010 年;中期,2011—2015 年;远期,2016—2020 年。

1.4.1 生态城的定位、经济职能和规模

1)定位

生态城的规划定位为:我国生态环保、节能减排、绿色建筑等技术自主创新的平台,国家级环保教育研发、交流展示中心和生态型产业基地,参与国际生态环境发展事务的窗口,生态宜居的示范新城。

2)经济职能

(1)国际生态环保理念与技术的交流和展示中心。

(2)国家生态环保技术的试验室和工程技术中心的集聚地。

(3)国家生态环保等先进适用技术的教育培训和产业化基地。

(4)国际化生态文化旅游、休闲、康乐区。

3)用地规模

规划采用集约紧凑的城市发展模式,综合考虑环境、就业、居住、交通、市政基础设施等多种因素,按照紧凑、集约、高效、宜居的城市理念进行规划布局,探索具有中国特色的生态城市发展道路。具体用地规划准则如下。

(1)组团布局准则:依据步行和非机动车的出行距离,采用组团式布局,通过生态廊道界定组团边界。

(2)公交引导准则:依托大运量公交系统引导土地开发,沿交通站点周围适当提高开发强度。

(3)混合使用准则:充分利用现有地形,综合考虑土地使用、交通组织,通过平面和竖向的合理设计,减少土方挖填,实现高效的土地使用,创造丰富的城市

景观。

(4)公共利益优先准则:保障生态城中心区、滨水区等高价值区域的公共性和开放性。

2020 年总建设用地为 25.0km^2,人均城市建设用地控制在 75m^2 以内。

4)人口规模

2020 年生态城常住人口规模控制在 35 万人左右,同时能够容纳外部就业人口 6 万人和内部暂住性消费人口 3 万人。

居住用地及人口容量、空间结构分析分别如图 1.10、图 1.11 所示。

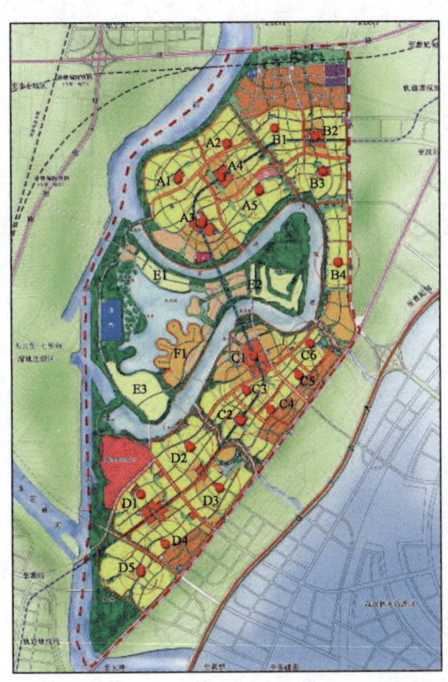

图 1.10　居住用地及人口容量图

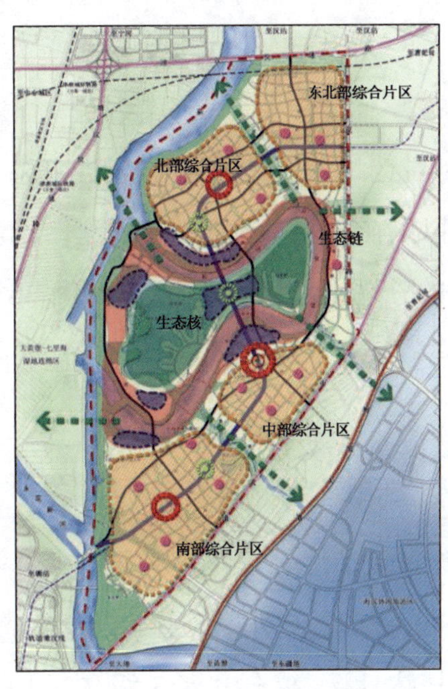

图 1.11　空间结构分析图

1.4.2　生态保护与生态恢复

规划采取适宜的生态修复和重建手段,恢复自然水系、湿地和植被,构筑以多级水系、绿色网络为骨架的复合生态系统(图 1.12)。以蓟运河和蓟运河故道围合的区域为生态核心区,建设六条生态廊道,加强生态核心区与外围生态系统的连接,形成开放式生态空间格局,积极推进区域生态系统一体化。

图 1.12　构筑以多级水系、绿色网络为骨架的复合生态系统

1.4.3　空间布局结构

规划对选址范围内的土地进行生态适宜性分析和建设适宜性评价，将用地划分为禁建区、限建区、已建区和可建区四类空间区划。在此基础上，通过对区域生态、交通的分析以及对绿色交通、邻里单元、生态社区模式的研究，确定了生态城“一核一链六楔、一轴三心四片”的空间布局结构。

1.4.4　生态社区

规划结合绿色交通理念和新加坡“邻里单元”的理念，根据生态型规划理念和我国社区管理的要求，形成了符合生态城示范要求的“生态社区模式”，包括基层社区、居住社区、综合片区 3 级，如图 1.13 所示。

1.4.5　绿色交通

规划贯彻城市可持续发展和“以人为本”的理念，提倡以绿色交通系统为主导的交通发展模式（图 1.14），生态城内部规划机动车道路系统和慢行道路系统，其中高密度的慢行道路系统，串联大部分居住、产业和公共设施，结合绿地系统营造环境宜人的慢行空间，使慢行方式逐步成为居民出行首选，实现人车友好分离、机动车与非机动车友好分离和动静友好分离。

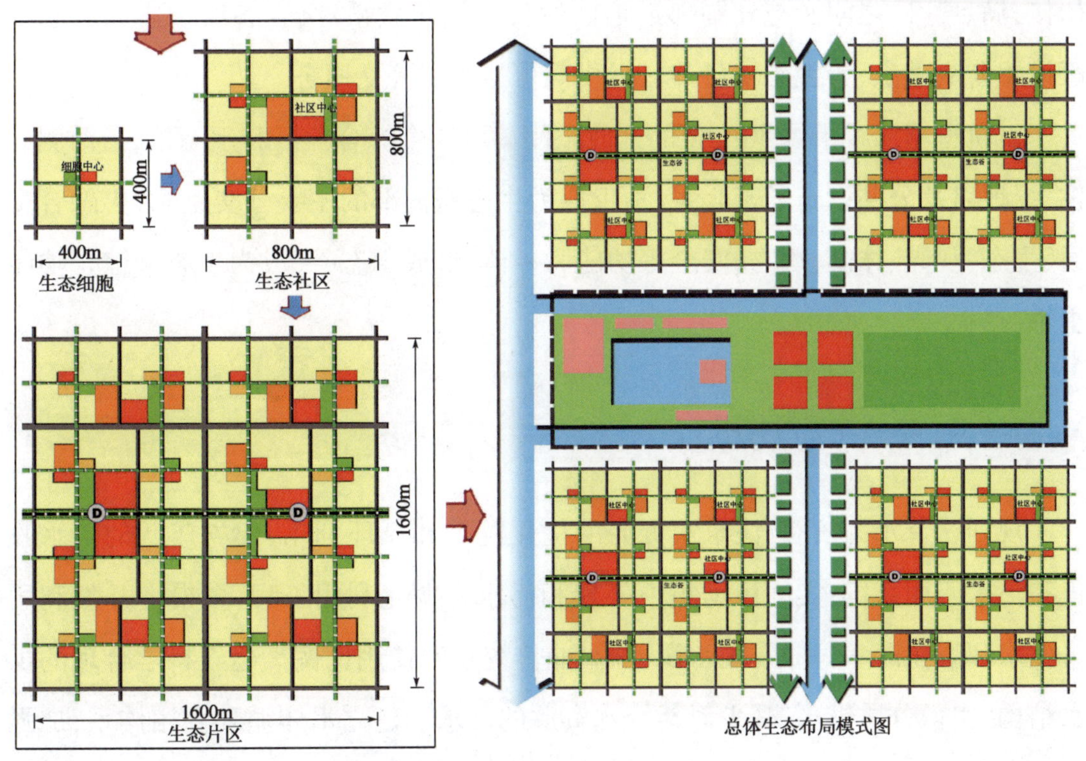

图 1.13　生态社区模式

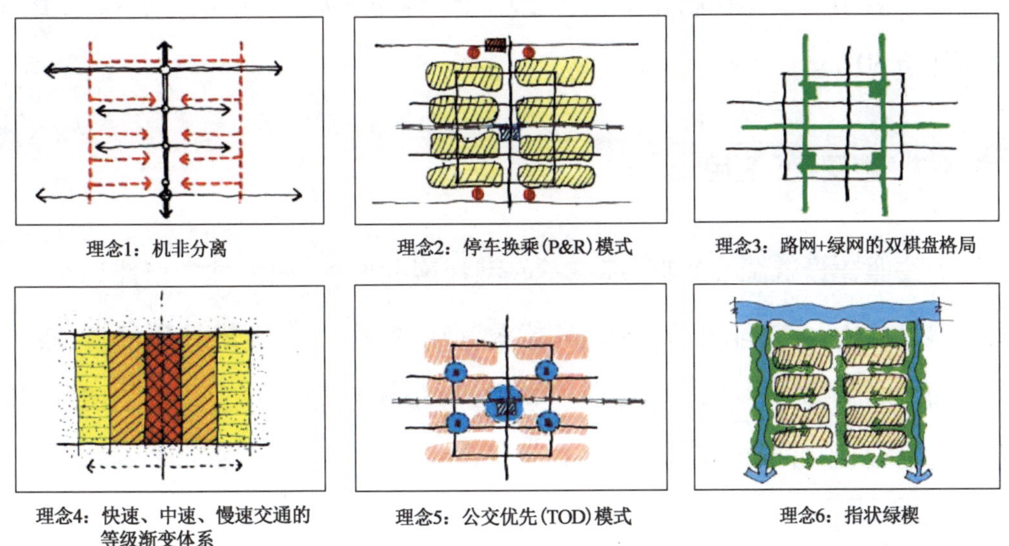

图 1.14　“以人为本”的绿色交通理念

积极建设由“轨道交通、城内公交骨干线、公交支线”构成的三级公交服务体系，不同层级的公交线路之间、公交线路与慢行交通系统之间形成良好的分工和衔接,满足片区之间及与外围邻近地区的公交快速联系;结合各级中心和生态社区设置公交站点,为生态城各片区提供高可达性的公交服务。

以轨道塘汉线沿线50m宽的开放空间串联4个综合片区和生态核,与两侧居住、绿地以及公共设施紧密联系,不仅成为生态城内部的主要公交走廊,更融合交通、生态、观光、休闲、购物、安全等功能为一体,形成生态谷,成为生态城综合功能主轴。

1.4.6 水资源综合利用

规划以节水为核心,注重水资源的优化配置和循环利用,建立广泛的雨水收集和污水回用系统,实施污水集中处理和污水资源化利用工程,多渠道开发利用再生水和淡化海水等非常规水源,提高非传统水源使用比例。建立科学合理的供水结构,实行分质供水,减少对传统水资源的需求。建立水体循环利用体系,加强水生态修复与重建,合理收集利用雨水,加强地表水源涵养,建设良好的水生态环境。人均生活用水指标控制在120L/d,人均综合用水量320L/d,非传统水资源利用率不低于50%。

1.4.7 能源综合利用

规划按照建设资源节约型、环境友好型社区的要求,积极推广新能源技术,加强能源梯级利用,促进能源节约,提高能源利用效率,大力发展循环经济,推行清洁生产和节能减排,构建安全、高效、可持续的能源供应体系。单位GDP碳排放强度不高于150t/百万美元。

1.4.8 景观系统

为更好突出生态特色,规划明确土地开发强度从轨道站点往周边梯度递减,外围低强度开发地段与自然环境有机交融,形成疏密有致的空间形态和起伏有序的天际轮廓线。

同时，规划尊重既有的自然环境，优化城区环境品质，突出和强化“水、绿、城、文”4 个方面主题，对水环境、绿化开敞空间、城市轮廓线、城市街景、夜景照明、建筑风貌、建筑色彩和城市雕塑等多方面进行系统优化和完善，突出生态城特色和地域特色，塑造人工环境与自然环境相协调、地方特色与现代科技文明相交融的城市景观风貌。

1.4.9　环境保护与环境卫生

规划将提升环境质量、保障环境安全作为生态城科学发展的重要支撑点，建立健全各项环保政策。建立项目审批与环境管理相结合的建设项目环境准入制度，建设覆盖全区的环境监控网络，严格管理施工项目。控制污水处理达标排放，提高污水处理设施的建设标准，严格监管，保障水环境达标。科学分区，加强对各类适用区域管理以及噪声防治监管，保障声环境达标。

完善环境卫生设施建设，建立生活垃圾分类收集、综合处理与循环利用体系，积极探索气力输送系统收集生活垃圾等先进环卫技术，逐步实现废弃物的减量化、资源化、无害化，科学管理固体废物。

通过建立统一、高效、协调的环境保护长效机制，逐步实现生态城空气质量全面达标、水环境质量明显改善。到规划中期，水质达标率、噪声达标区覆盖率、垃圾无害化处理率均达到 100%，生活垃圾回收利用率不低于 60%。

1.4.10　数字化城区

充分利用数字化信息处理技术和网络通信技术，科学整合各种信息资源，将生态城建设成为高效、便捷、可靠、动态的数字化城区。

建立统一的生态城基础数据平台，实现政府内部信息资源高度共享，提升电子政务建设水平。

建立城区信息化管理平台，通过网格化、立体化管理，对城区部件、事件实施全时制、全方位、全过程的监控、处理和反馈，实现城区管理的科学化、现代化、规范化。未来将在区域范围内实现全方位、多等级、虚拟化电子商务系统，建设智能化交通系统，实现数字化社区管理。

加快通信工程建设，遵循宽带化、智能化、综合化的原则，构建布局合理、汇接灵活、安全便捷的信息化综合服务网络，实现区域范围内无线城域网覆盖率100%。

1.4.11 指标体系

中新天津生态城指标体系见表1.1。

中新天津生态城指标体系 表1.1

控制性指标						
	指标层	序号	二级指标	单位	指标值	时限
生态环境健康	自然环境良好	1	区内环境空气质量	d/a	好于等于二级标准的天数≥310d/a（相当于全年的85%）	即日开始
				d/a	SO_2和NO_x指标好于等于一级标准的天数≥155d/a（相当于达到二级标准天数占全年的50%）	即日开始
					达到《环境空气质量标准》（GB 3095—1996）	2013年
		2	区内地表水环境质量		达到《地表水环境质量标准》（GB 3838—2002）现行标准Ⅳ类水体水质要求	2020年
		3	水喉水达标率	%	100	即日开始
		4	功能区噪声达标率	%	100	即日开始
		5	单位GDP碳排放强度	t/百万美元	150	即日开始
		6	自然湿地净损失		0	即日开始
	人工环境协调	7	绿色建筑比例	%	100	即日开始
		8	本地植物指数		≥0.7	即日开始
		9	人均公共绿地	m^2/人	≥12	2013年

续上表

控制性指标						
	指标层	序号	二级指标	单位	指标值	时限
社会和谐进步	生活模式健康	10	日人均生活耗水量	L/(人·d)	≤120	2013 年
		11	日人均垃圾产生量	kg/(人·d)	≤0.8	2013 年
		12	绿色出行所占比例	%	≥30 ≥90	2013 年前 2020 年
	基础设施完善	13	垃圾回收利用率	%	≥60	2013 年
		14	步行 500m 范围内有免费文体设施的居住区比例	%	100	2013 年
		15	危废与生活垃圾(无害化)处理率	%	100	即日开始
		16	无障碍设施率	%	100	即日开始
		17	市政管网普及率	%	100	2013 年
	管理机制健全	18	经济适用房、廉租房占本区住宅总量的比例	%	≥20	2013 年
经济蓬勃高效	经济发展持续	19	可再生能源使用率	%	≥20	2020 年
		20	非传统水资源利用率	%	≥50	2020 年
	科技创新活跃	21	每万劳动力中研究与开发(R&D)科学家和工程师全时当量	人年	≥50	2020 年
	就业综合平衡	22	就业住房平衡指数	%	≥50	2013 年

引导性指标				
	指标层	序号	二级指标	指标描述
区域协调融合	自然生态协调	1	生态安全健康、绿色消费、低碳运行	考虑区域环境承载力,并从资源、能源的合理利用角度出发,保持区域生态一体化格局,强化生态安全,建立健全区域生态保障体系

续上表

引导性指标				
	指标层	序号	二级指标	指标描述
区域协调融合	区域政策协调	2	创新政策先行、联合治污政策到位	积极参与并推动区域合作，贯彻公共服务均等化原则；实行分类管理的区域政策，保障区域政策的协调一致。建立区域性政策制度，保证周边区域的环境改善
	社会文化协调	3	河口文化特征突出	城市规划和建筑设计延续历史，传承文化，突出特色，保护民族、文化遗产和风景名胜资源；安全生产和社会治安均有保障
	区域经济协调	4	循环产业互补	健全市场机制，打破行政区划的局限，带动周边地区合理发展，促进区域职能分工合理、市场有序，经济发展水平相对均衡，职住比平衡

1.5 市政基础设施设计理念

1.5.1 总体设计思路

中新天津生态城是中国和新加坡两国政府改善生态环境、建设生态文明的战略性合作项目，是继苏州工业园之后两国合作的新亮点，显示了中新两国政府应对全球气候变化、加强环境保护、节约资源和能源的决心。

中新天津生态城提出的“经济蓬勃发展、生态环境健康、社会和谐进步、文化传承弘扬、区域协调融合、城市管理高效”的建设要求以及“倡导环保节能、促进持续发展、推动城市进程、引领健康生活、实现互惠共生、展示现代文明”的建设目标，是对目前生态城市建设要求及建设目标的高度概括，同时也对生态城市设计提出了全新的、更高的要求。

生态城市建设是社会经济发展的必然趋势，只有“高起点规划、高水平设计、高标准建设、高效能管理”密切结合，才能真正满足生态城市的建设要求，实现生态城市的建设目标。

生态城市的设计理念,如图1.15所示。

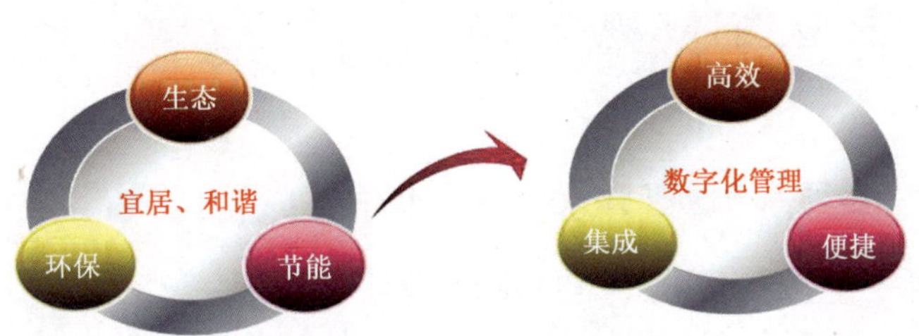

图1.15 生态城市设计理念

项目组以中新天津生态城总体规划为指导,以22项控制性指标和4项引导性指标为导引,从城市设计的角度出发,摒弃单纯解决各个专业问题的局限性,用系统理念分析解决问题,妥善处理交通、结构、排水、景观、照明等专业与其他系统的各种矛盾,确立了"尊重规划,合理优化,在满足功能和安全的前提下,体现生态城'生态、环保、节能、宜居、和谐'的总体要求,努力打造资源节约型、环境友好型宜居示范新城,达到能实行、能复制、能推广"的总体设计思路。贯彻过程相协调、专业相衔接、区域相融合,与传统功能区的市政基础设施设计相比,生态城项目在创新设计理念的同时,更加注重城市设计、交通设计、景观设计及细部设计。

1.5.2 设计新理念

1)道路交通

(1)引入绿色交通、交通稳静化理念,构建宜居城市;

(2)采用耐久环保的路基路面综合设计;

(3)体现以人为本,采用精细化、人性化道路设计。

2)桥梁工程

(1)注重美观、新颖的桥梁设计;

(2)特殊、复杂结构的受力性能分析;

(3)注重检修便利性设计;

(4)全面的耐久性设计;

(5)桥梁结构的抗震-速度锁定器支座的使用;

(6)性能优良耐久的钢桥面铺装设计;

(7)突出桥梁造型,与景观融为一体。

3)排水工程

(1)联合调配多种水源,提升水资源保障能力;

(2)保护、修复生态敏感区,提升水环境质量;

(3)建设安全排涝体系,提高区域内涝防治能力。

4)泵站工程

(1)充分理解规划意图,以生态城指标体系为导引,建立系统化设计的思路;

(2)遵循经济节能,突出优化配置与循环利用,构建资源节约型、环境友好型社会的思路;

(3)近远期结合,实现整体性、实用性和前瞻性相统一的思路;

(4)总结借鉴,遵循提倡设计创新、提升设计理念的思路;

(5)贯彻过程相协调、专业相衔接、区域相融合的思路;

(6)坚持以人为本,树立全面、协调、可持续的科学发展观,突出“生态、环保、节能、自然、宜居、和谐”的思路。

5)照明工程

(1)照明设计注重绿色节能的设计理念,充分发挥太阳能、风能等可再生资源优势,大力采用节能环保的照明设备;

(2)提倡以人为本的设计理念,保证优良的照明效果,营造明亮、舒适的照明环境,研究车行与慢行系统视觉需求,精准定位,细分系统。

6)智慧市政

(1)全面感知,促进城市和谐高效地运行;

(2)重视网络建设,增强智能服务能力;

(3)注重智能融合,提升决策支持和应急指挥能力;

(4)严守以人为本的可持续创新理念,注重服务于人的社会空间塑造。

第2篇

道 路 交 通

2.1 以绿色生态型道路为导向的道路交通设计

2.1.1 以绿色交通为主导的慢行系统设计

绿色交通是解决城市交通拥堵和环境污染的重要手段。中新天津生态城采用TOD模式,实施土地混合利用,采用双棋盘路网格局,规划建设"轨道交通、城内公交骨干线、公交支线"构成的三级公交服务体系和覆盖全区的慢行交通系统,实现"人车分离、机非分离、动静分离",在绿色交通系统构建方面做出了积极探索,实现了公共交通分担比例54%、自行车分担10%、步行分担24%和出租车分担2%的目标,确保2020年绿色交通比例达到90%。

贯彻城市可持续发展和"以人为本"的理念,提倡以绿色交通系统为主导的交通发展模式。生态城内部规划机动车道路系统和慢行道路系统,其中高密度的慢行道路系统串联大部分居住、产业和公共设施,结合绿地系统营造环境宜人的慢行空间,使慢行方式逐步成为居民出行首选。

1)高密度的非机动车道路网

生态城创新性地提出了非机动车道路网密度概念,生态城内非机动车路网密度为9.4km/km^2,远远大于机动车道路网密度,体现了生态城绿色交通的理念。

生态城规划机动车道路总长度为115km,规划非机动车道长度为235km[含机动车道两侧绿道115km,路网围合区域(以下简称"细胞")内绿道系统120km]。在生态城25km^{2}的建设用地范围内(总规划用地为34km^2,总建设用地为25km^2),机动车道路网密度为4.6km/km^2,符合道路规范要求。生态城慢行系统规划如图2.1所示。

2)机非分离、人车分离、动静分离的理念

在生态城绿色交通规划中,按照步行、自行车、公交车、轨道交通、出租车和私

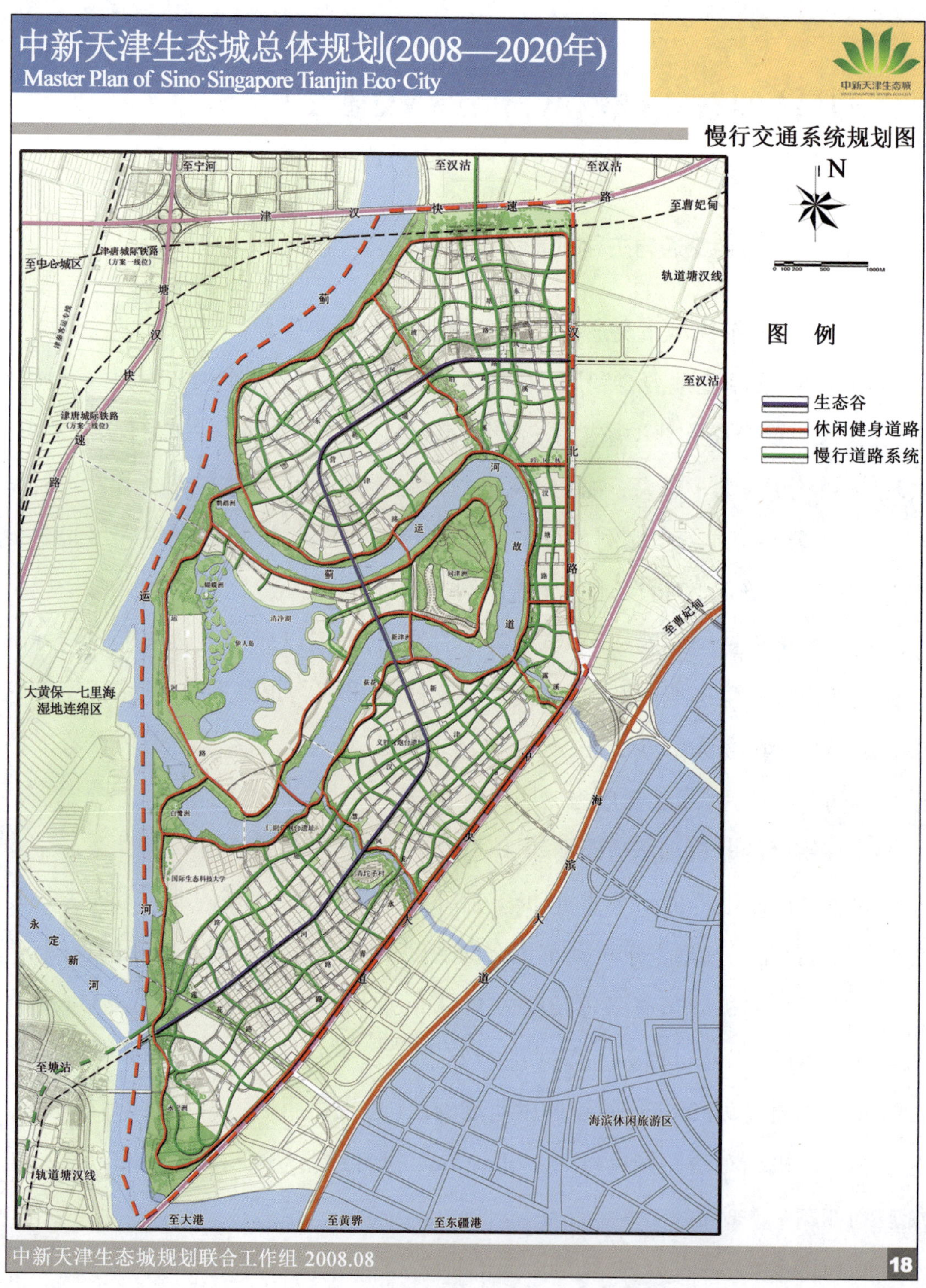

图 2.1 “双棋盘”的慢行系统规划

人小轿车的顺序,把步行和自行车放在首位,提高对步行和自行车的重视程度。生态城内所有的市政道路上和小区建设均严格按照“人车分离、机非分离”的原则进行道路断面的设计和施工,以避免因机动车的“强势”而使步行和自行车的“弱势”群体出行不便。

坚持“以人为本,慢行优先”的原则,结合生态环境及建筑效果,并从建设、投资等角度分析,生态城内采用动静适度分离的形式,重要节点采用简易立交或机动平交慢行下穿的方式满足慢行系统的穿越,次要节点采用平交,利用智能交通管制保证慢行系统优先,实现动静基本分离。例如,中新天津生态城起步区内部交通节点划分(图 2.2):在主要人流集中的地区,推荐采用半下穿通道方案,实现行人最便捷的通过;在人流量较少,改造主线较困难的地段,采用天桥方案,同时采取如设置电动扶梯等手段,实现行人出行的便捷,如图 2.3 和图 2.4 所示。机动车与慢行系统平交交通设施及交通组织见图 2.5 和图 2.6。

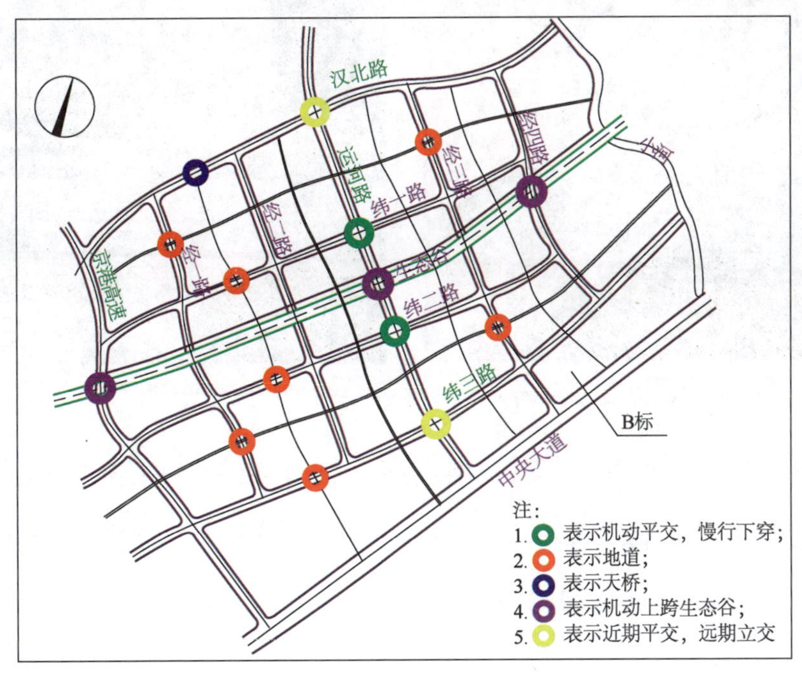

图 2.2 起步区内部交通节点布置图

3)绿道网络化

非机动交通尤其步行是人们最基本的出行方式,具有零耗能、零排放和通行空间小的优点，是生态城内部出行交通结构中的主导方式。中新天津生态城道路网络的构建以实现非机动车方式的便捷、舒适、通达为宗旨，实现了城市路网的合理分工，绿道与机动通道各成系统。

图 2.3 机动平交、慢行下穿概念图

图 2.4 机动平交、慢行下穿效果图

图 2.5 慢行系统与机动车平交交通设施图

绿道是城市内部的非机动车专用道路，也是城市慢行网络的主要组成部分，两侧设置人行道，禁止除应急车辆以外的任何机动车通行。按照其交通特性的不同，分为休憩型绿道和通勤型绿道系统。按照位置不同，主要分为机动车道两侧绿道网络、社区内绿道网络和公园绿道网络。

(1)机动车道两侧绿道网络

按照机动车道路和绿道的建设规划，在生态城起步区一期道路中建设了机动车道两侧绿道。根据生态城步行和自行车的交通量分析，确定生态城内沿机动车

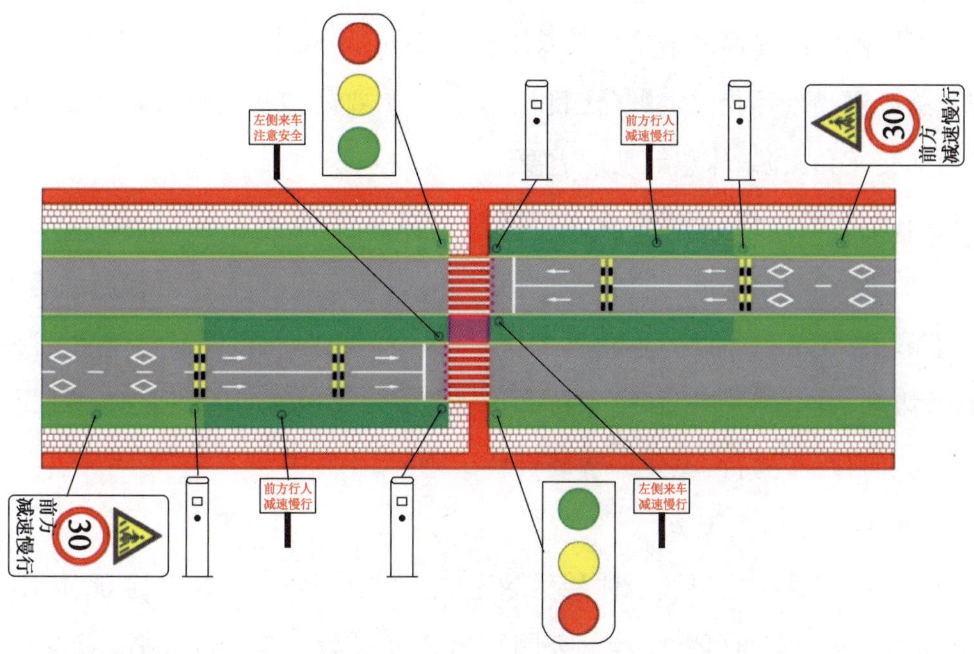

图2.6　慢行系统与机动车平交交通组织图

道路的绿道宽度分别为:居住区及商业区绿道宽度为5m,产业园区绿道宽度为3.5m。生态城内规划道路两侧绿道网络约98km,绿道面积约90万m^2。

绿化覆盖:绿道两侧均种植高大的乔木,为绿道系统遮风挡雨。乔木的种植间距为3m,并采用错位种植方式,实现绿荫覆盖的最大化,为行人和自行车使用绿道系统提供舒适的条件和环境,以吸引更多的行人和自行车骑行者使用(图2.7、图2.8)。

图2.7　舒适的慢行"林荫道"

图2.8　市政路两侧慢行系统

(2)社区内绿道系统

生态城社区内绿道网络规划总长度约120km,串联生态城5大片区和133个细胞及蓟运河、故道河、永定洲公园和生态谷等重要公园和景观水体,满足生态城社区内部交通和旅游、休憩等功能需要。

目前,生态城社区内绿道设置宽度按照20m宽进行设计,断面为7m绿化带+6m绿道+7m绿化带。其中6m绿道同时满足步行、自行车和消防通道要求,并在两条绿道交叉口处设置不小于2500m^{2}的公共绿地和布置细胞级配套服务设施,最大限度方便居民使用绿道系统和商业设施。一般情况下,细胞内绿道系统仅供步行和自行车通行,不允许常规机动车通行。

(3)公园内绿道系统

公园内绿道系统主要属于休憩型绿道,主要是满足行人散步、游玩、休闲等需要,很少用于通勤交通(图2.9)。公园绿道宽度一般为3~5m,满足应急车辆和特殊车辆通行,不允许其他社会车辆通行。绿道两侧一般设置有景观小品、高大乔木和大片草坪,提供良好的行人环境。公园绿道系统与道路绿道系统和社区绿道系统相连接,实现行人和自行车的便捷可达。

图2.9 惠风溪公园绿道系统

绿道网络是区别于机动车道路网络的又一个交通通道,与机动车道形成了双棋盘格局,其建设密度是机动车道的2倍,大大提高了步行和自行车等非机动车的出行比例。

2.1.2　交通稳静化设计

交通稳静化设计是为了达到交通与景观和谐、交通与居住和谐、交通与安全和谐、交通与人文和谐。中新天津生态城交通系统规划设计以绿色交通为核心理念，利用交通稳静化技术塑造出了行人、非机动车、机动车和谐共处于城市道路空间的街道宜居环境。生态城交通规划设计中处处体现以人为本的绿色交通理念，在许多地方采用了交通稳静化的思想和措施，达到了理想的效果。

(1)通过合理控制平交口间距，降低车速

生态城规划路网中相邻交叉口间距控制在400m左右。根据生态型规划理念和我国社区管理的要求，结合新加坡“邻里单元”理念，形成了符合生态城示范要求的“生态社区模式”，其包括基层社区、居住社区、综合片区3级，见图2.10。生态社区模式丰富了土地利用内容，密集的交叉口可以限制车辆速度，为当地居民创造宜居的社区环境。

图2.10　生态社区模式

(2)从设计标准和设施上控制生态城内部道路车辆行驶速度

生态城内部道路在适当位置实施交通稳静化设计(图2.11),使得主干道设计车速降为40km/h,支路设计车速控制在30km/h左右,达到了交通稳静化降速目标,改善了道路交通安全。生态城交通稳静化技术包括速度缓冲带、中央隔离岛、纹理路面等。稳静化措施与道路设计相结合,也美化了社区街道环境。

图2.11 交通稳静化设计

设计车速:主干路 $v=40$km/h,支路 $v=30$km/h,相关设计指标见表2.1。

道路设计指标 表2.1

计算行车速度 v (km/h)	40	30
	规范值	规范值
不设超高最小半径(m)	300	150
不设缓和曲线最小半径(m)	400	—
平曲线最小长度(m)	70	50
圆曲线最小长度(m)	35	25
缓和曲线最小长度(m)	35	25
最大纵坡推荐值(%)	6	7
纵坡最小坡长(m)	110	85
凸形竖曲线一般最小半径(m)	600	400
凹形竖曲线一般最小半径(m)	700	400
竖曲线最小长度(m)	35	25

(3)缩小交叉口转弯半径

根据天津市城市规划规范，道路交叉口处红线转弯半径为25m，退红线为8m，路缘转弯半径为22m，设计车辆转弯半径为30m。一方面，过大的交叉口转弯半径增加了行人及非机动车穿行时间，行人、非机动车与机动车之间交通冲突点位置难以控制，从而易发生交通事故；另一方面，由于交叉口转弯半径大，右转机动车无须减速就能通过交叉口，对直行的行人、非机动车安全产生威胁。生态城在交通稳静化理论的指导下，通过研究车辆转弯半径与车速之间关系，对内部道路交叉口交通进行了稳静化设计。主干道转弯设计车速按照20~25km/h考虑，无非机动车转弯半径一般情况取20m。次干道转弯设计车速15~20km/h，转弯半径一般情况取15m。典型平交路口设计见图2.12。

(4)设置交通花坛

交通花坛是设置在交叉口中心位置的圆形交通岛，车辆沿其周围环绕行驶。交通花坛一般适用于社区内部，特别是交通量不大，不关心大型车运行，而注重降低车速和提高交通安全性的地点，如图2.13所示。

图2.12 典型平交路口设计

图2.13 路口交通花坛

2.1.3 耐久环保的路基路面综合设计

(1)充分利用现有筑路材料，采用土壤固化剂改良处治废弃淤泥质黏土

中新天津生态城区域地层有深厚的软土，道路或其他工程开挖将产生大量的

淤泥或淤泥质土的弃方,不仅污染环境,还浪费堆放场地。而采用土壤固化剂固化技术,则可以将大量的废弃淤泥质黏土固化(图2.14),作为道路路基或其他场地的地基底层加以利用,变废为宝,节省大量投资。固化剂改良土与素土力学指标对比如表2.2所示。

图2.14　淤泥质黏土固化

固化剂改良土与素土强度、水稳性对比　　表2.2

力学指标	土的组成			
	素土	传统型固化剂+素土	改进型固化剂+素土	改进型固化剂+传统型固化剂+素土
无侧限抗压强度(MPa)	0.23~0.45	0.51~0.72	0.52~0.75	1.25~3.28
水稳系数(浸水后强度/浸水前强度)	0	0.4~0.5	0.6~0.7	0.85~0.93

(2)突破传统路面设计,采用节能环保的路面材料

面层采用橡胶粉改性沥青、橡胶沥青混凝土、温拌沥青混凝土及排水路面(图2.15),有效降低行车噪声,节能环保,可提高行车舒适性,特别是雨天行车的安全性,延长沥青路面的使用寿命。同时,橡胶粉改性沥青、橡胶沥青混凝土可减少废弃轮胎的浪费和对环境的污染。

(3)慢行系统采用透水路面,缓解城市热岛效应,涵养地下水源

建设渗水型路面可以涵养地下水源,缓解城市热岛效应,补给绿化用水,减少

地表径流，降低城市水污染。通过透水路面铺装，将过去白白流入下水道的雨水渗入地下，实现水资源可持续利用，是保护城市生态环境的重要措施之一。慢行系统透水铺装如图2.16所示。

图2.15 透水沥青路面和普通沥青路面雨天效果对比

图2.16 慢行系统的透水铺装

2.1.4 体现以人为本，精细化、人性化的道路设计

在起步区“先行先试，总结借鉴”，率先建立《中新天津生态城基础设施市政工程设计及实施导则》（以下简称《设计导则》），如图2.17所示，充分体现“以人为本”，树立全面、协调、可持续的科学发展观，体现细节设计理念，实现“能实行、能复制、能推广”的总体设计思路。

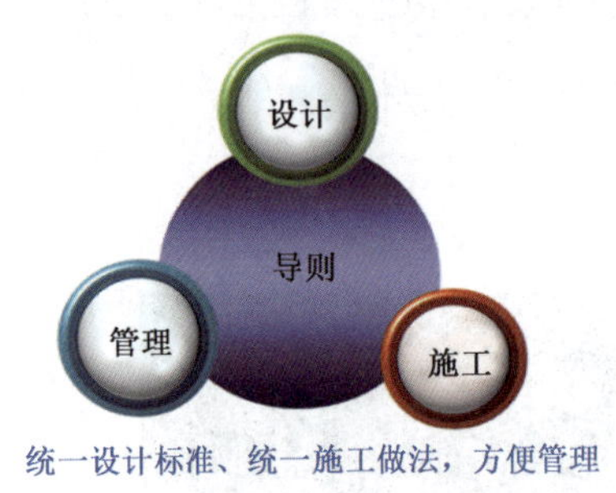

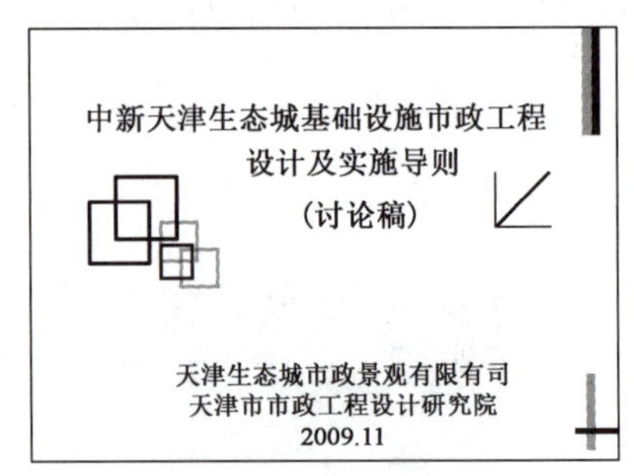

图2.17 发布的《设计导则》

探索多种设计方案，优选工程材料，细化施工做法，完善图纸，指导后续20km² 片区的设计、施工工作，保证工程质量，提高工程建设效率。实现高水平设计、高标准建设，推进生态城"可实行、可复制、可推广"的目标，建立中新天津生态城市政设施的统一做法，逐步改进，最终形成一套设计及实施标准。

《设计导则》涵盖了基础设施中"一路三水"的内容，体现了细节设计的理念，道路工程方面主要有：横断面、路口渠化、路面结构、路基处理、附属工程（侧、缘石、路口细部设计、出入口、公交车站等）、道路内管道回填、无障碍设计、慢行系统铺装及道路综合造价分析。

导则中，道路中的设计主要体现了：

(1)以人为本，横断面充分考虑慢行系统，两侧设置各5m宽的慢行系统并与区域内的慢行系统连接成网

从交通安全、降噪、空间伸缩、道路绿化、视觉美感、公众满意度、土地利用七个方面，提出了绿色生态型城市道路横断面影响评价指标体系，并对其体系构成指标进行了系统分析，为绿色生态型城市道路横断面评价的实施提供了依据和参考。

规划主干道道路为双向六车道，正常断面布置形式：

红线41m宽断面布置如下：5m（慢行通道）+3m（机非分隔带）+11m（机动车道）+3m（中央分隔带）+11m（机动车道）+3m（机非分隔带）+5m（慢行通道）。两侧各加12m（绿化带），如图2.18和图2.19所示。

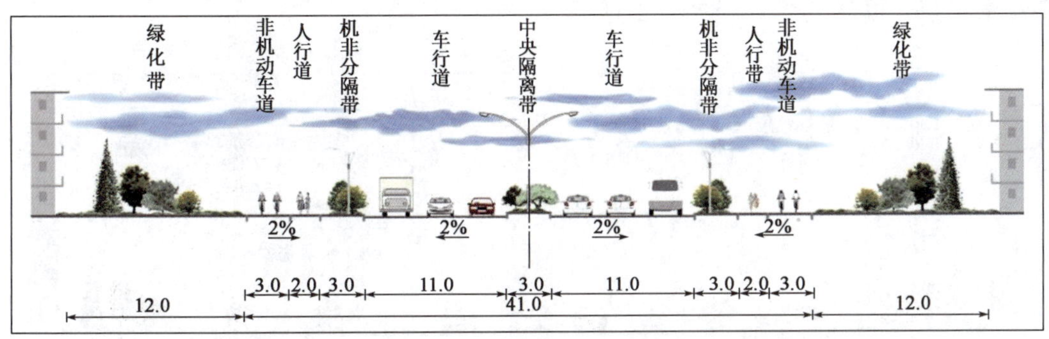

图2.18　41m宽规划横断面图(尺寸单位:m)

图2.19　41m宽城市主干路鸟瞰图

规划支路道路为双向四车道,正常断面布置形式:

规划支路红线34m断面布置如下:5m(慢行通道)+3m(机非分隔带)+7.5m(机动车道)+3m(中央分隔带)+7.5m(机动车道)+3m(机非分隔带)+5m(慢行通道)。两侧各加8m(绿化带),如图2.20和图2.21所示。

(2)新建路口渠化,提高道路通行能力,减少远期改造

考虑平交路口交通转向需求,对路口进行渠化展宽,增设专用左转车道,配合交通信号灯设计,合理进行路口交通组织,保证车辆有序、快捷通过,平交口渠化如图2.22和图2.23所示。

(3)路口中央分隔带设置人行二次过街安全岛,安全至上

为保证行人过街安全,在中央分隔带设置行人二次过街安全岛,并设置车挡

等安全措施,如图 2.24 ~ 图 2.27 所示。

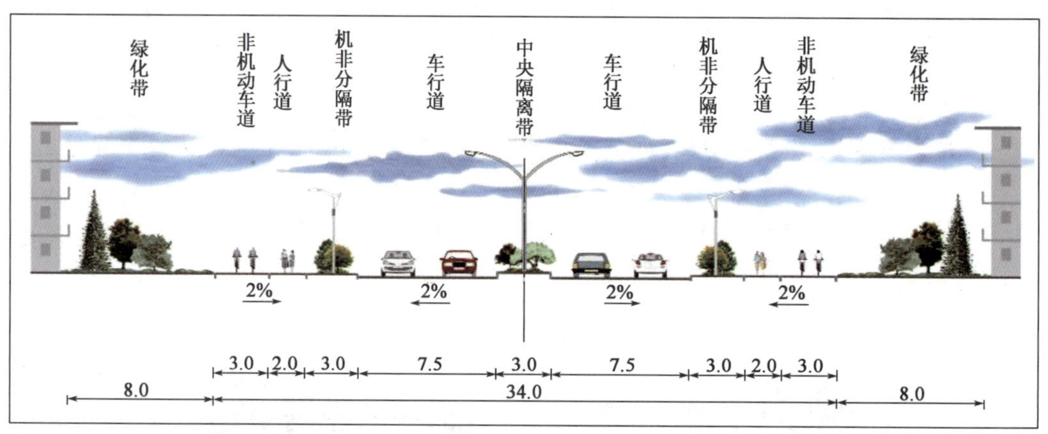

图 2.20　34m 宽规划支路横断面图(尺寸单位:m)

图 2.21　34m 宽城市支路鸟瞰图

(4)体现细节设计

设计力求精细化,注重“以人为本”的设计细节,例如港湾车站、路口交通渠化、交通标志标线、出入口等,如图 2.28 和图 2.29 所示。

(5)机动车道路面无管线、无井盖,保证道路质量

有别于传统道路收水井以及检查井的设置,生态城道路设计中,将收水井和检查井设置在侧分带内,并适当隐形,有效避免了机动车通过时的颠簸,也使路容更加美观,如图 2.30 ~ 图 2.32 所示。

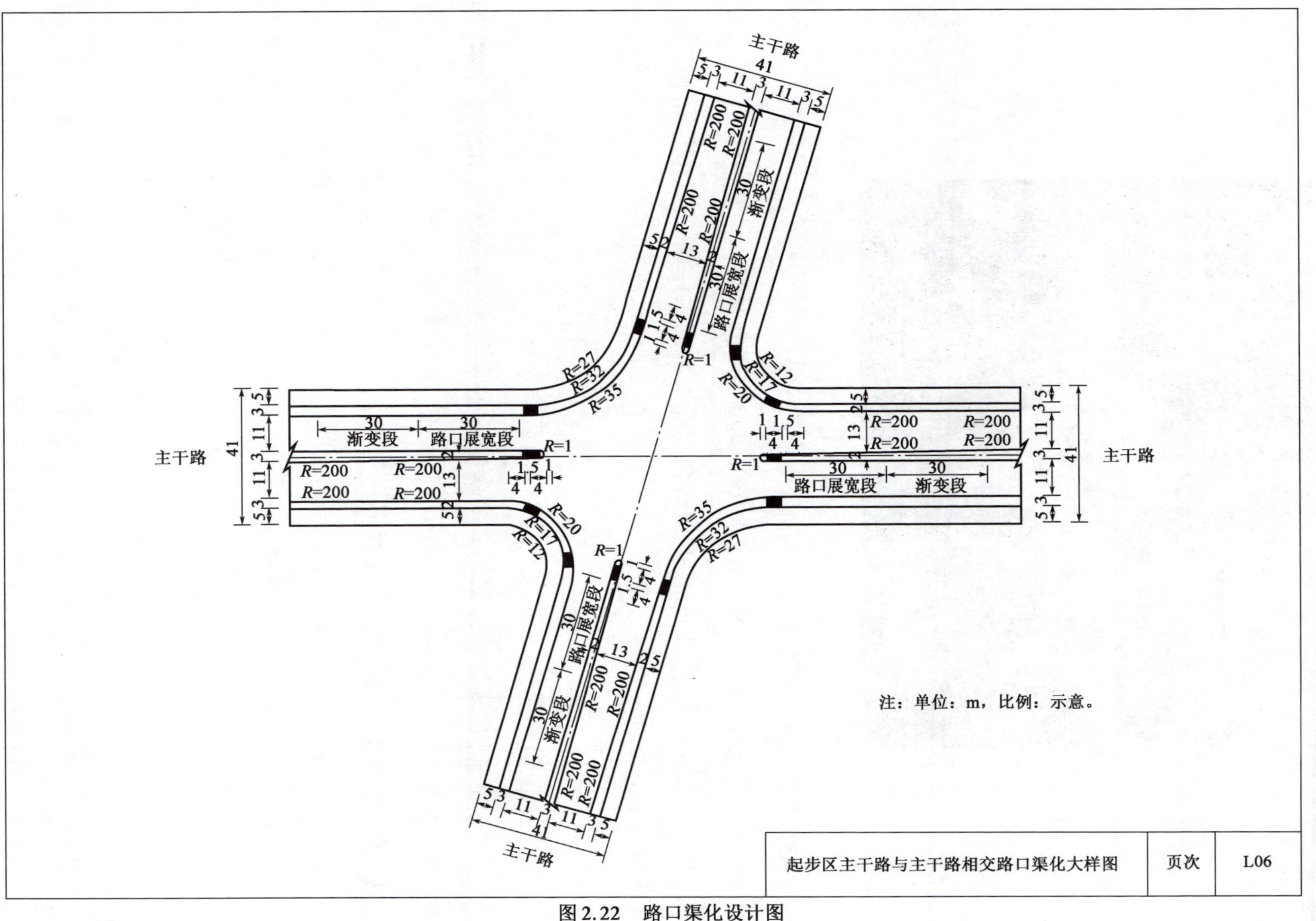

图2.22 路口渠化设计图

图 2.23　路口渠化实景照片

(6)道路两侧绿化景观

生态城借鉴国内外生态城市道路绿化经验,使道路绿化率超过 50%,主次干道绿化带总宽度分别达到 33m 和 25m,合理配置乔灌木比例,形成复层植物群落,强化景观季变化,形成了"一步一景、一路一景、一片一景"的点线面结合的整体景观效果。

①主干道道路绿化。

主干道两侧 12m 绿化带采用多层次绿化景观方式,背景林选用高大乔木,如毛白杨、国槐、林后火炬衬托,中层种植花灌木,如山桃、樱花、海棠,前排小型灌木及地被满铺,减少草坪用量,避免裸土。

案例一　中新大道是贯穿生态城南北的主要交通干道,也是连接生态城与开发区、汉沽的主要通道。道路两侧原址是盐田和鱼塘,经改造后,两侧绿化带各宽 20m,利用地形起伏,栽植大量适生植物、宿根花卉和地被植物,形成了道路两侧的绿色屏障。南侧门区建有百旗广场、石碑叠水、城标喷水、特色花卉,形成了有震撼力的门区综合性景观,如图 2.33 ~ 图 2.35 所示。

案例二　中天大道立意"和美之路",设计体现四季景观,中央隔离带以栾树为主,搭配石榴、碧桃循环栽植;机非隔离带种植雄性毛白杨、大叶黄杨、紫叶小檗;两侧绿化带以雄性毛白杨为背景,栾树为行道树,如图 2.36 所示。

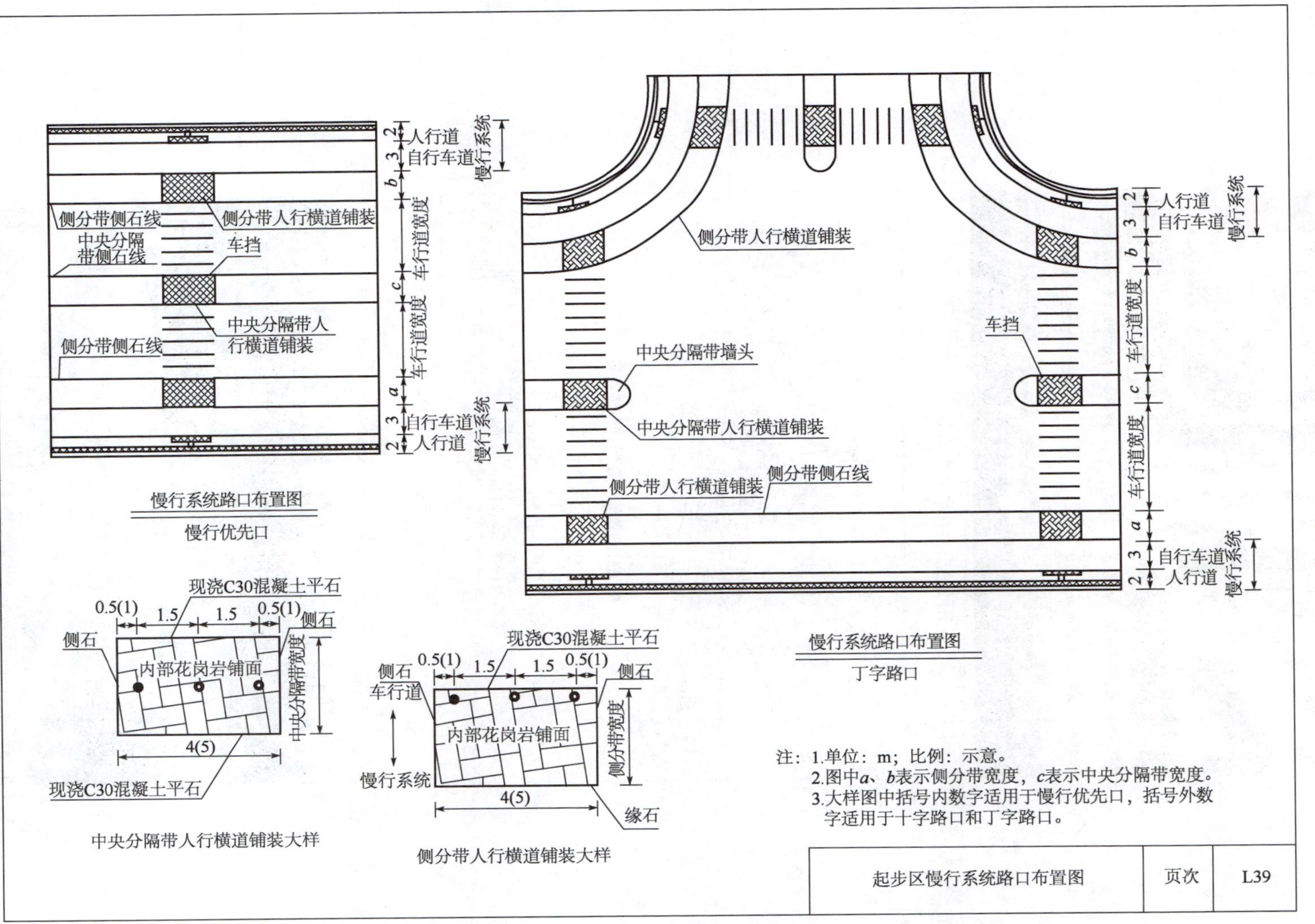

图2.24 慢行系统路口布置图

图 2.25 完善的慢行系统设施

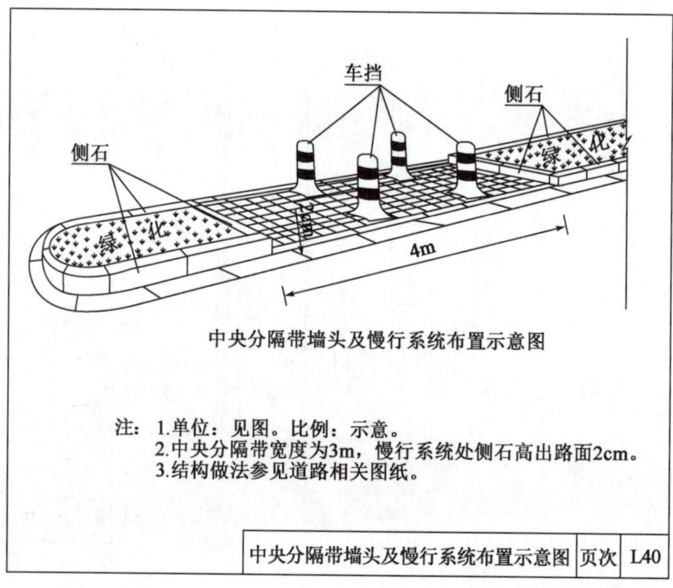

图 2.26 行人二次过街设计图

图 2.27 路口二次过街现场图片

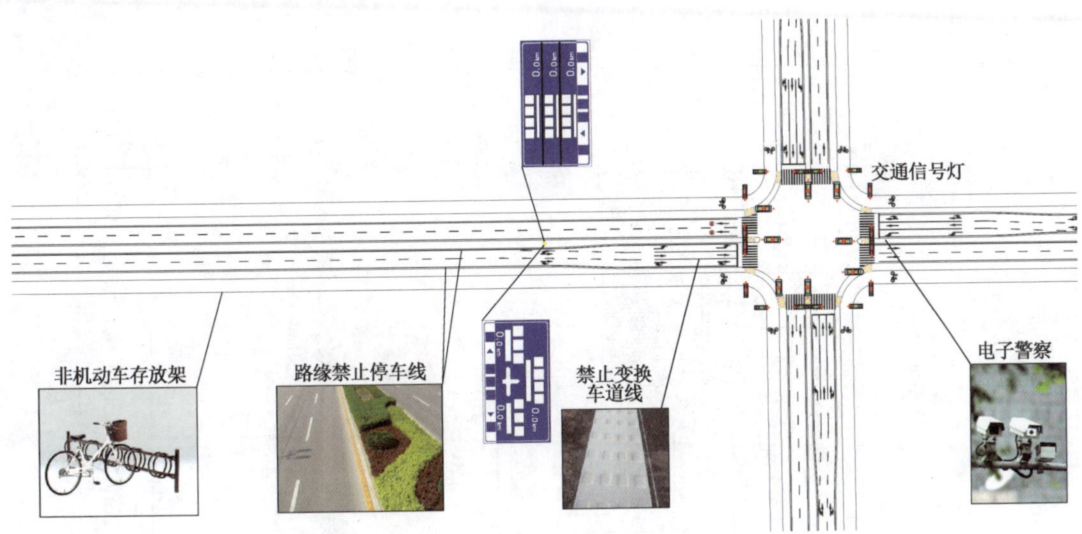

图2.28 平交路口精细化设计图

图2.29 中新大道港湾式公交站

②次干道道路绿化。

次干道道路绿化采用乔木-花灌木-地被的层次设计，以乡土树种为主。

案例一 和畅路中央隔离带循环栽植白蜡、海棠、碧桃等树种；机非隔离带以白蜡为主体，大叶黄杨篱、金叶女贞篱循环栽植；两侧绿化带以国槐为背景树，白蜡为行道树，配植花灌木，如图2.37所示。

4cm细粒式沥青混凝土
8cm粗粒式(6cm中粒式)沥青混凝土
1cm下封层
18cm水泥稳定碎石
A-Ⅱ型倒石
C15现浇混凝土侧石垫背
2cm水泥砂浆
垫层(1:3)
路面结构
收水井
7cm厚盖板
10cm厚现浇C20混凝土
A-Ⅲ型倒石
面层花砖
砂垫层
石屑
C20混凝土
石灰土(10%)
C15现浇混凝土侧石垫背
2cm水泥砂浆
垫层(1:3)
收水井
侧分带收水井处大样图（远期）
50
100
50
侧分带
300
阴影部分为超挖压实范围
侧分带压实范围示意图
注：1.单位：cm，比例：示意。
2.在每道侧分带过水孔下土基的压实范围，不得小于“侧分带压实范围示意图”
中所示范围，回填土的压实度不得低于90%（重型压实标准）。
3.本图适用于远期工程。
起步区道路侧分带收水井断口处大样图
页次
L34

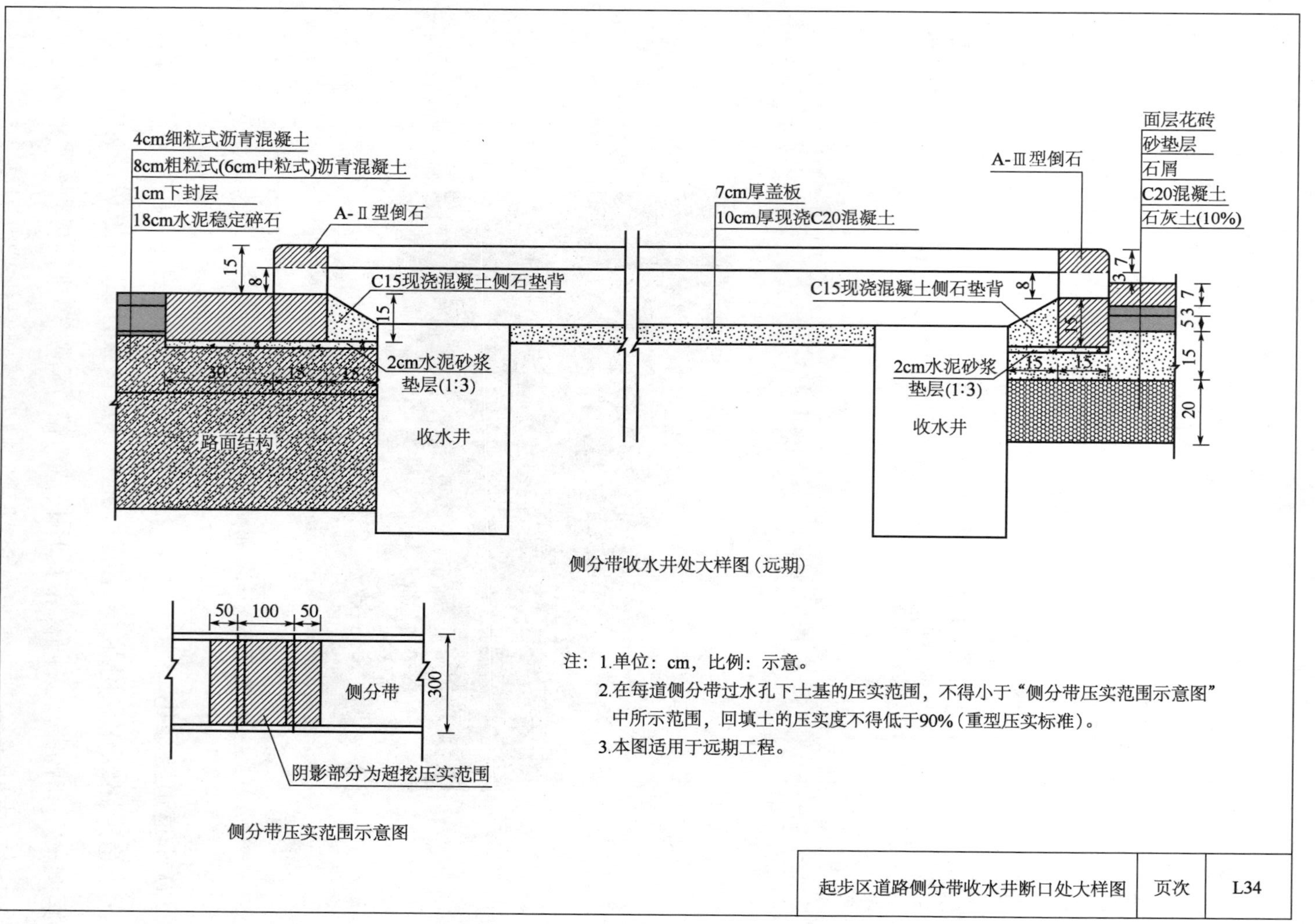

图2.30　收水井大样图

图2.31　隐形收水井设置

图2.32　传统收水井设置

图2.33　中新大道路侧绿化

图2.34　中新大道门区景观绿化

图2.35　中新大道中央分隔带绿化

图2.36　中天大道景观绿化

案例二　和惠路中央分隔带以国槐为主体树，西府海棠、木槿循环栽植；机非隔离带种植合欢、大叶黄杨、金叶莸等植物；两侧绿化带以国槐为背景，合欢为行道树，如图2.38所示。

图 2.37　和畅路景观绿化

图 2.38　和惠路景观绿化

2.2　案例分析

本方案设计内容为起步区 B 标段，东至中央大道，西至生态谷，北至生态廊道，南至京港高速公路，面积约 2.1km^2。包括道路、雨水、污水、再生水、照明工程及道路标线、交通标识及信号灯、雨水泵站、污水泵站及道路红线内的景观工程，设计范围如表 2.3 和图 2.39 所示。

起步区 B 标段道路一览表　　表 2.3

序号	道路名称	道路红线(m)	道路等级	道路长度(m)	道 路 范 围	备　注
1	经一路	34	支路	594.7	生态谷—纬三路	不包括有轨电车
2	经三路	34	支路	768.3	生态谷—中央大道	
3	经四路	34	支路	475.1	生态谷—纬三路	不包括有轨电车
4	纬二路	34	支路	1900.1	经四路—京港大道	
5	纬三路	41	主干道	1764.7	起步区小河—运河路 经二路—经一路	不包括有轨电车
6	运河路	41	主干道	630.8	生态谷—纬三路	

B 标段包括：经一路、经三路、经四路、纬二路、纬三路、运河路共 6 条路，道路总长约 6.13km（其中主干道 2.40km，支路3.73km）；4 个天桥或地道，1 个机动平交慢行下穿，1 个机动立交（近期平交，远期立交），平交十字或丁字路口，一座雨

水泵站(流量为 $15m^3/s$),一座污水泵站(流量为 $0.28m^3/s$)。跨越生态谷的污水、中水设计含在B标段内,并充分考虑与B标段的衔接。

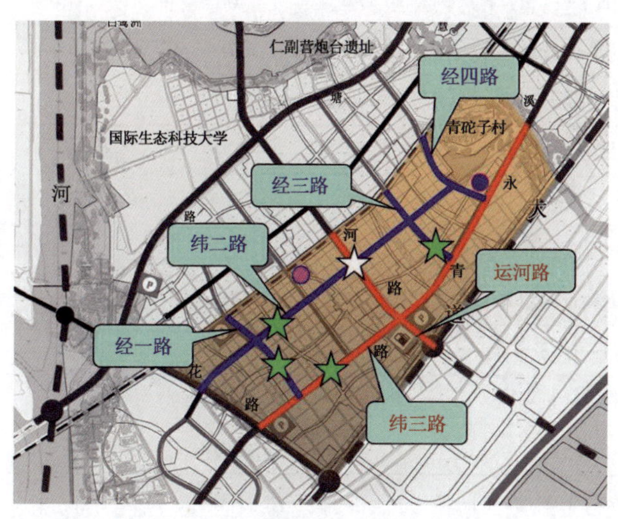

图2.39 本方案主要设计范围及内容

2.2.1 主要技术标准

(1)道路等级:

分主干道和支路两种等级。

(2)设计速度:

主干道:40km/h;支路:30km/h。

(3)横断面形式:

规划主干道道路为双向六车道,机动车道半幅11m(由侧分带向中央分隔带)断面分为:0.5m(路缘带)+3.5m(车行道)+3.5m(车行道)+3.25m(车行道)+0.25m(路缘带)。

规划支路道路为双向四车道,机动车道半幅7.5m,(由侧分带向中央分隔带)断面分为:0.5m(路缘带)+3.5m(车行道)+3.25m(车行道)+0.25m(路缘带)。

(4)平、纵线形标准:

主干道及支路(机动车道)平、纵线形指标见表2.4。

主干道及支路(机动车道)平、纵线形指标表　　表2.4

计算行车速度 v(km/h)	40	30
不设超高最小半径(m)	300	150
设超高最小半径(m)	70	40
设超高推荐半径(m)	150	85
不设缓和曲线最小半径(m)	500	—
平曲线最小长度(m)	70	50
圆曲线最小长度(m)	35	25
超高缓和曲线最小长度(m)	35	25
最大纵坡限制值(%)	4	4
纵坡坡长限制(m)	200(i=4%)	—
纵坡最小坡长(m)	110	85
凸形竖曲线极限最小半径(m)	400	250
凸形竖曲线一般最小半径(m)	600	400
凹形竖曲线极限最小半径(m)	450	250
凹形竖曲线一般最小半径(m)	700	400
竖曲线最小长度(m)	35	25

(5)慢行系统:

纵坡不大于2.5%,坡长不大于300m。净空不小于2.5m。

(6)荷载标准:

桥梁构筑物:公路Ⅰ级;路面标准轴载:BZZ-100kN;

抗震设防标准:地震基本烈度为8度,地震动峰值加速度0.2g。

(7)桥梁构筑物设计使用年限:100年;路面设计使用年限:主干道,15年;支路,10年。

(8)再生水设计标准、雨水设计标准和污水设计标准详见本书第4篇。

(9)照明工程设计标准:主干道平均照度大于20lx,平均均匀度大于0.5;支路平均照度大于10lx,平均均匀度大于0.4;生活区慢行通道平均照度大于7.5lx,平均均匀度大于0.4;商业区慢行通道平均照度大于15lx,平均均匀度大于0.3;人行地道平均照度大于15lx,平均均匀度大于0.6。

2.2.2 交通及路线设计

绿色生态型道路是以人、自然、交通和道路协调发展为目标，以倡导绿色交通为导向，在道路的全寿命周期内，最大限度地节约资源（节地、节能、节材）、保护环境、减少污染，为人们提供健康、舒适和高效的道路使用环境，实现绿色生态型道路的可持续发展。

1）设计原则

（1）坚持以人为本，从安全交通和使用便利出发，营造人、车、路、环境和谐统一的绿色出行。

（2）积极采用四新技术，在体现生态城理念的同时要注重经济性。

（3）工程设计、交通设计、城市设计、景观设计系统考虑。

（4）多方案综合比选，优中选优。

2）交通总体设计

（1）外部交通分析

通过中央大道、汉北路、津汉高速公路、京港高速公路等多条公路和城市道路，可快速到达本区。规划津唐城际铁路在生态城东北边界外2km处设区域型城际枢纽站（汉沽站）。规划市域轨道线津汉线在生态城外部通过，在生态城附近设站一处。生态城外部交通如图2.40所示。

（2）内部交通分析

建立“以人为本”的绿色交通系统。快、慢行交通各成系统，机动车交通、轨道交通组成快行系统；以人行和自行车专用道以及生态细胞内步行空间构成方便、快捷的城市慢行系统网络。慢行系统与机动车系统采用物理隔离或交通信号控制方式，实现机非友好分离。生态城内部绿色交通系统如图2.41所示。

（3）内、外交通的衔接

生态城内轨道交通、地面公交、慢行系统均与外部枢纽实现无缝衔接和接驳。生态城边界为市域各级机动车走廊。结合生态城主要联系方向与外围道路等级，共设置出入口11处。其中,设主出入口7处,均采用立交化处理,其余出入口为辅助出入口,机动车进出生态城交通围绕主出入口组织。

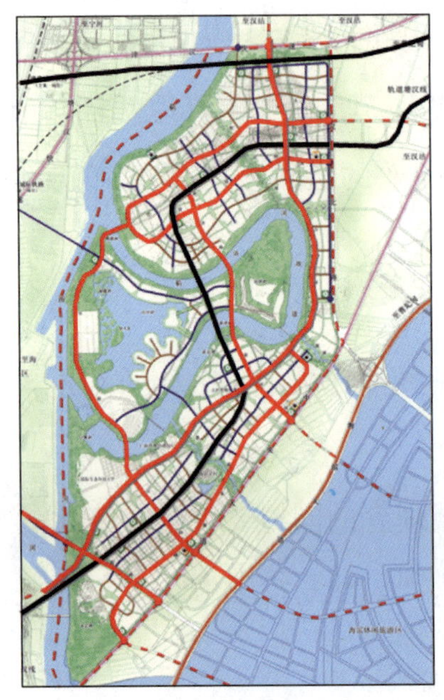

图2.40　生态城外部交通图

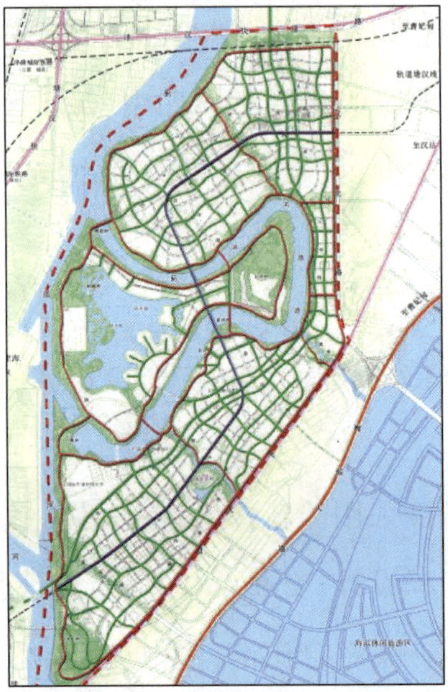

图2.41　生态城内部绿色交通系统图

3)道路平、纵、横设计

(1)道路平面设计

道路平面设计根据规划给定的规划坐标及转点,在符合规划地块控制,按《城市道路设计规范》的要求设置曲线,使线形在满足规范的前提下更加优化。

机非分隔带原则上在相交道路路口处留断口。周边地块处断口,待周围建筑设计完成后,结合断口间距,考虑交通出行需求,以尽可能减少对慢行系统和机动车道影响为原则合理设置。

倡导绿色交通设计,从设计标准和设施上控制生态城内部道路车辆行驶速度;通过合理控制平交口间距、缩小交叉口转弯半径降低车速;在交叉口处设置交通花坛,从而实现交通稳静化的理念。

①从设计标准和设施上控制生态城内部道路车辆行驶速度。主干路设计速度v为40km/h,支路设计速度v为30km/h。

②通过合理控制平交口间距,降低车速。规划路网中相邻交叉口间距控制在

400m左右,密集的交叉口可以限制车辆速度,为当地居民创造宜居的社区环境。

③设置交通花坛。一般适用于社区内部,交通量不大的条件下,设置交通花坛,降低车速及噪声,创建宜居环境。

④路口渠化设计。渠化路口在两个侧分带之间变化,以尽量不扩出道路红线为准,集约道路用地。T形路口可不做渠化,左转车道直接占用一个直行道。交叉口渠化如图2.42所示。

正常路段一条车道宽3.25~3.5m,渠化路口处一条车道宽3~3.25m。

一般的渠化路口中央分隔带处设置人行过街的安全岛(图2.43),保证行人的最大便利。

图2.42 交叉口渠化

图2.43 人行过街安全岛

⑤路口转弯半径。主干道转弯设计车速按照20~25km/h考虑,如无非机动车,转弯半径一般情况取20m。次干道转弯设计车速15~20km/h,转弯半径一般情况取15m。

⑥港湾式公交站,见图2.44。

⑦机动车道路面无管线、无井盖(图2.45),保证道路质量。

(2)道路纵断面设计

纵断面设计必须综合慢行下穿设置、周边工程的衔接、道路与周边地块出入口的便利程度、道路两侧规划用地的填筑高

图2.44 港湾式公交站

图 2.45　路面无管线、无井盖

度、道路本身的结构安全与处理费用等因素，既不能将路面高程定得过高，使地块开发时场地填筑费用过大，同时造成既有建筑场地排水不畅；又不能将路面高程定得过低，给慢行造成不便，同时使其受地下水位的影响，增加过多的对过路管线的处理。

①考虑路基所处状态确定路面设计高程。

结合周边工程地质勘察结果，可归纳该区域地质特点为：软土分布厚，地表承载力低；地下水位高，地表排水不畅；土质盐渍化，构筑物腐蚀严重；塑性指数高，土源干缩严重。

路基安全工作区如图 2.46 所示。一般从安全、经济的角度考虑，使路基处于中湿、潮湿状态较为合适。通过对生态城周边汉北路、中央大道工程的水文地质综合分析，采用Ⅱ4 区处于干燥、中湿、潮湿状态的路基临界高度为控制标准：

路基最小填土高度 =（路基临界高度 +0.2m）~（地下水位埋深 + 路面结构层厚度）。

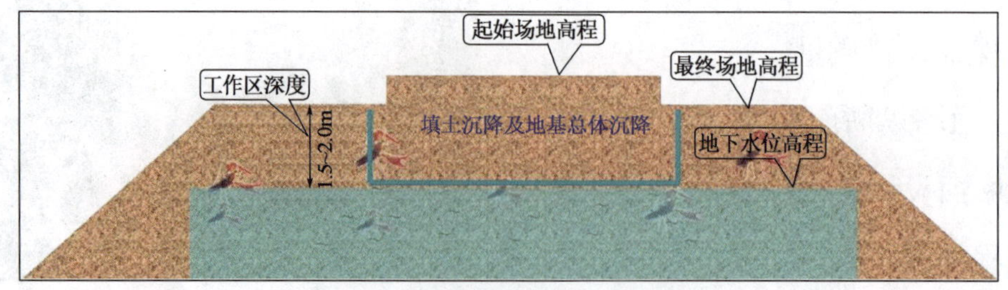

图 2.46　路基安全工作区示意图

采用上式可计算出区域内路基处于干燥、中湿、潮湿时的最小填土高程为：2.2～2.4m、1.7～1.9m、1.0～0.8m。则路基处于干燥、中湿、潮湿时对应的路面设计高程分别为5.0～5.2m、4.3～4.5m、3.8～4.0m。

②考虑远期开发地块路面设计高程的确定。

生态城周边原状水面2.6～3.2m，水深0.4～0.7m，淤泥在0.6～1.0m，土堤高2.6～3.0m，目前填土已经填至3.5m。根据现有填土场地高程情况，路面高程控制在3.8～4.0m较为合适，同时也不会引起由于远期地块开发过多而增加填筑费用。

综合以上现状及地下水位情况，考虑场地填筑费用、路基处理费用，并根据刚刚拓宽改造完的汉北路设计高程4.2～4.6m，中央大道设计高程4.6m（大沽高程，2003年成果），确定区域路面高程控制在3.8～4.5m，使路基大部分处于中湿或潮湿状态较为合适。

汉北路现状、施工中的中央大道分别如图2.47、图2.48所示。

图2.47 汉北路现状

图2.48 施工中的中央大道

（3）道路横断面设计

本方案设计充分考虑生态、环保、节能、自然的要求，体现绿色交通的理念，建设轨道交通、慢行系统相结合的交通体系，实现人车分离、机非分离、动静分离。区内道路断面可分为两大类：主干道、支路断面。

规划主干道道路为双向六车道，正常断面布置形式。红线41m断面布置如下：5m（慢行通道）+3m（机非分隔带）+11m（机动车道）+3m（中央分隔带）+

11m(机动车道)+3m(机非分隔带)+5m(慢行通道)。两侧各加12m(绿化带),如图2.49所示。

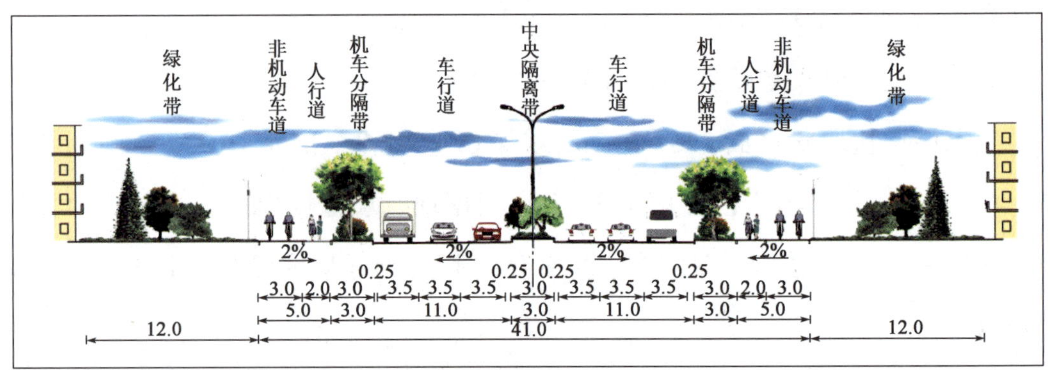

图2.49 41m规划横断面图(尺寸单位:m)

规划支路道路为双向四车道,正常断面布置形式。规划支路红线34m断面布置如下:5m(慢行通道)+3m(机非分隔带)+7.5m(机动车道)+3m(中央分隔带)+7.5m(机动车道)+3m(机非分隔带)+5m(慢行通道)。两侧各加8m(绿化带),如图2.50所示。

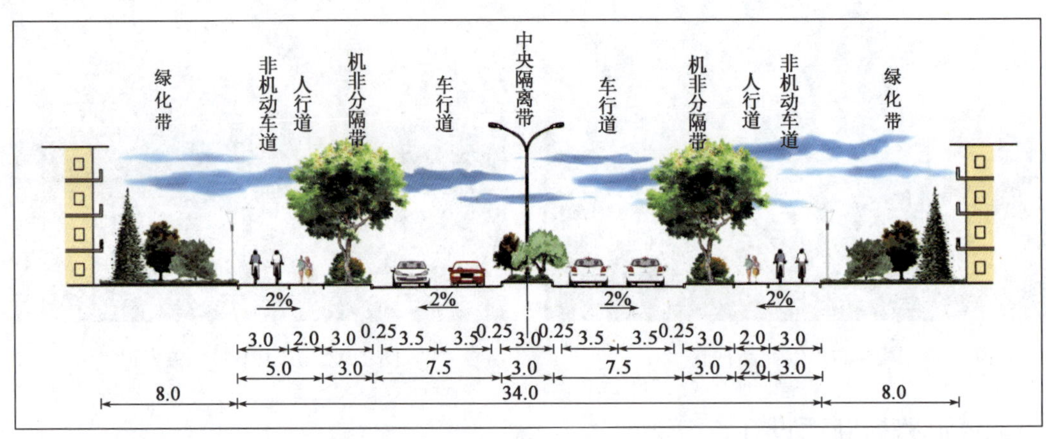

图2.50 34m规划横断面图(尺寸单位:m)

沿路建设慢行系统(图2.51),人非共板,同时考虑路侧及侧分带绿化,形成景观优美、行人舒适的林荫道。

4)路基设计

路基设计中,主要针对一般路段的浅层换填处理、土壤固化剂固化处理进

图2.51　道路慢行系统

行了比选。对于桥梁或通道两侧的处理，对加固土桩与塑料排水板方案进行了比选。

(1)区域地质评价

生态城所处地区地貌为海积低平原，境内地势低平，原场地多为盐池及养虾池，目前生态城场地已虚填整平，高程为3.5m左右。场地地下水位高、埋深浅，高程为1.5m左右，属潜水类型，地下水对混凝土具有严重结晶类腐蚀和结晶分解类复合腐蚀。浅层地基承载力低，为45～90kPa，深层地基承载力在110kPa以上。

综述该区域的地质特征：软土分布厚，地表承载力低；地下水位高，地表排水不畅；土质盐渍化，构筑物腐蚀严重；塑性指数高，土源干缩严重。

(2)一般路段软土路基处理

一般路段采用浅层换填处理方式。

浅层换填处理：将现状场地虚填土和原虾池、盐池的淤泥层清除干净，铺两层荆笆作为承托层，承托层上填筑50～80cm左右厚度的山皮土，碾压密实后分层填土并进行戗灰处理，接着施作30cm厚的碎石垫层和40cm厚水泥+石灰与土壤固化剂联合处理的加固土层，并在固化土下增加一层防水土工布，提高路基的阻水能力(图2.52)。路基预压3～6月后，修整路槽至设计高程，最后施作路面结构。

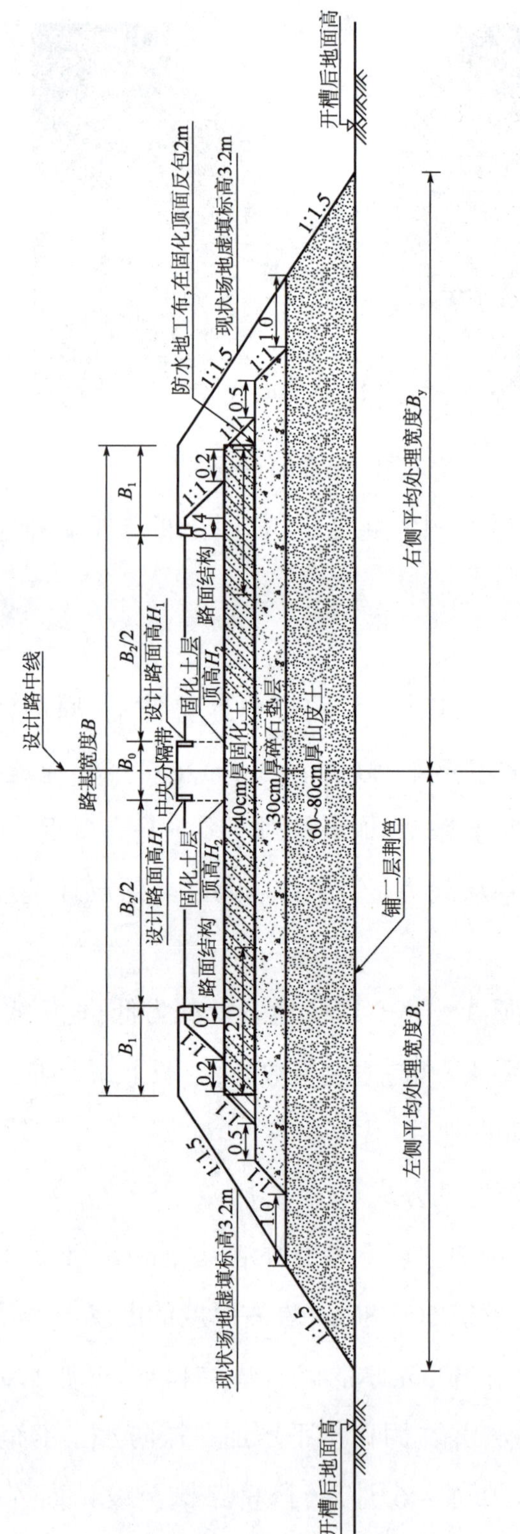

图2.52　一般路段浅层换填处理设计图

(3)提高路基工作区水稳性——土壤固化剂固化土处理

充分利用现场土源,改善土性,提高路基强度及水稳性,减少路基沉降。路床顶部以下40cm范围内统一采用20cm土壤固化剂固化石灰土(5%石灰)+20cm土壤固化剂固化水泥石灰土(2%水泥+3%石灰)进行处理。

①土壤固化剂简介。

土壤固化剂是一项现代土木工程高新技术,用于改善土壤物理力学性质以适应工程技术要求。由于它应用广泛、造价低廉、节省工期、技术性能优越,颇受工程界欢迎,在国际学术界被誉为“特种水泥”。

软土地基要求道路路基具有较高的强度,以承担上部荷载,避免过大荷载传至下卧软基中。为了满足这一要求,改变常规采用石灰土处理路基的方法,利用低剂量的石灰土或水泥石灰土中掺加土壤固化剂进行路基处理,一方面增加土基强度,另一方面改善常规石灰土或水泥石灰土的水稳性,使石灰土或水泥石灰土由亲水性变为疏水性,在后期使用过程中不致由于地下水的侵蚀而降低强度,因此该方案具有显著的优势。同时,由于固化剂与水作用时,改变了原土体表面的附着自由水,使其重新排列组合,大量自由水以结晶形式固定下来,使土壤中的含水率迅速降低,土壤颗粒重新按两端正负荷相互吸引而紧密结合,经过碾压后,密实度增大,毛细管破坏,路基强度增大,耐水性和抗冻性可以得到提高。

②土壤固化剂与传统筑路材料相比的优势。

土壤固化剂固化土作为新型的路基处理材料,经实践证明,与传统的石灰土等材料相比具有明显的优势。传统的软土地区城市道路路基设计多采用浅层换填的方法,如换填石灰土、水泥土、碎石以及其他工业废渣等,由于石灰土、水泥土水稳性差、强度低,给后期使用带来隐患,特别对于地下水位较高的地区,会造成道路使用寿命急剧下降。

通过空客A320基础设施配套工程、南港路、西中环快速路等工程土壤固化剂应用情况可看出,土壤固化剂固化土具有以下特点:

a.各项强度指标较高。土壤固化剂固化土的7d无侧限抗压强度可达到

1.5MPa以上，回弹模量平均值90MPa，CBR平均值为15%，均能很好满足规范要求，且随着养生龄期的增长，强度还会大幅提高。

b.水稳定性好。土壤固化剂固化土的水稳系数0.75～0.78，较传统的固化材料有了很大提高，可以有效延长道路使用寿命。

c.干缩小。通过室内小梁干缩试验，土壤固化剂可适当降低土壤的干缩量，采用5%的石灰土掺加土壤固化剂固化土的失水率最小，因此干缩量也最小，这样可以有效减少固化土的干缩开裂，对于路面结构的影响大大减小。

d.经济效益和社会效益明显。由于土壤固化剂固化土具有上述工程特性，通过多项实际工程应用，采用两步40cm固化土就能达到比以往常用的三步60cm石灰土（水泥土）还要好的处理效果，且大大提高路基的水稳定性，降低了石灰、水泥等固化材料的用量，能很好满足规范要求和工程需要，这样就减少了工程量，降低了工程投资；同时，土壤固化剂是一种环保型材料，且以液体形式掺加到工程土中，可有效降低工程施工对周围环境的影响。

（4）管线沟槽回填及地基处理综合设计

充分考虑道路路基处理、管线开挖回填、绿化回填、地块开发之间的衔接，统一考虑，系统设计。在充分了解管道位置、管道数量、管道埋深的基础上，考虑管线开槽与路基开槽关系，统一进行管线开槽与路基开槽，在充分确定绿化排盐层位置的基础上，按照要求回填管槽基础，埋设管道，回填管顶至路槽底，然后统一进行路基处理，避免对路基的重复开挖。专项综合地基处理如图2.53所示。

建议统筹路基及各管线的处理顺序，合理安排路基预压工期，采用不同处理方式，减少道路各个部位的不均匀沉降。

①统筹路基及各管线的处理顺序，路基槽与雨污管线（埋深较深）的槽一次开出，回填一次性实施。对于埋深较浅的管线，应待路基压实后反开槽施作，过浅的管线应加强回填压实要求。

②保证路基合理的预压期，应提前安排土源及时间。

③处理好道路各个部位的不均匀沉降。

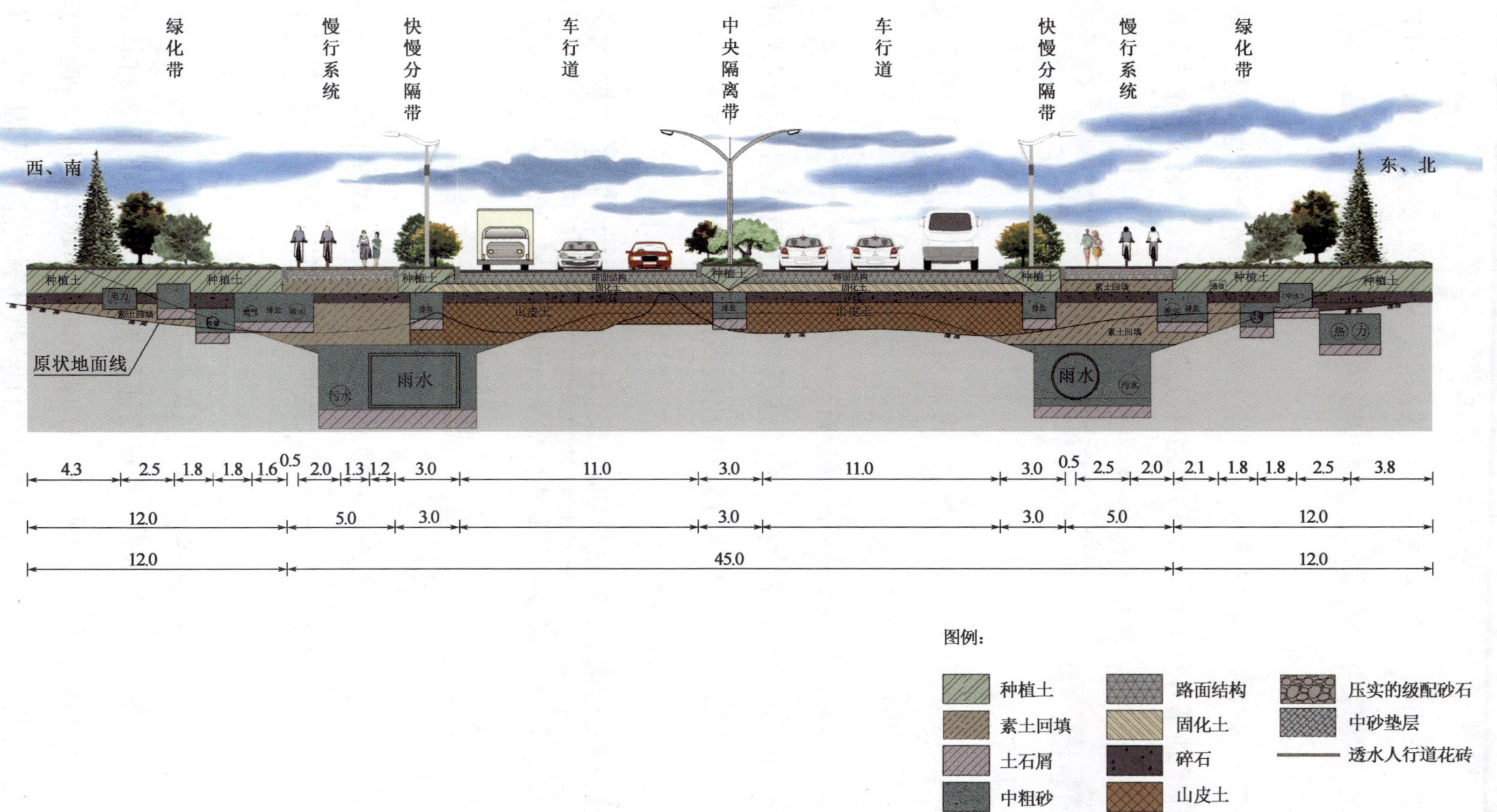

图2.53 专项综合地基处理图(尺寸单位：m)

道路的沉降可分为均匀沉降和不均匀沉降。均匀沉降是由于软土的压缩固结变形而引起，不均匀沉降往往是由于局部沟渠（或池塘）处理不到位、管道开挖回填压实度不够等原因造成，因此，设计中必须处理好以上环节。结合本工程的特点，重点解决了以下问题：

对于一般路段，区域内真空预压+固化土方法处理整个场地和道路，减少不均匀沉降，降低地基处理造价。个别道路在工期不容许的情况下，将现状场地虚填的土及淤泥清除，进行浅层换填处理。

5）路面设计

（1）自然区划

本工程范围地处Ⅱ4 海滦中冻区，沿线土质以黏土、粉质黏土及淤泥质土为主，路面最小防冻层厚度为60cm。

（2）路面结构调查及路面破坏原因分析

为了提出合理的路面结构，通过对滨海新区道路路面结构使用状况进行调查，并对路面出现的病害进行分析，最后提出区域内的道路路面结构形式。

①滨海新区路面结构调查。

滨海新区路面结构面层一般分2～3层，对于主干道、次干道、支路路面结构，面层一般采用2层，但总厚度有所区别，基层一般分两层，底基层一层，满足相应道路交通量的要求。

②滨海新区路面破坏原因分析。

从对滨海新区路面结构病害调查结果的分析来看，造成路面破坏的原因很多，除施工及管理方面的原因外，滨海新区路面结构破坏的原因主要有以下几个方面：

a.施工期间的重载、超载交通引起路面早期开裂。

近年来滨海新区（如开发区等）的建设速度加快，造成运输工程材料的交通量急速增加、轴载和轮压大幅度提高，使得沥青路面越来越不适应交通量的需求。车辆的重载化、超载化是引起沥青混凝土路面早期开裂的主要原因，这些损坏多因为基层的承载能力不足而引起，即路面基层已经丧失应有的结构承载力，特别是在路面排水不畅的情况下，更加速了路面的开裂，如图2.54所示。

图2.54 滨海新区重载、超载车辆情况

b. 滨海软土地基不均匀引起路面早期开裂。

滨海新区地处近海软土地区，淤泥层较深，地基强度差，土体固结时间长，由此造成工后沉降大，路面沉陷，从而导致路面早期开裂。加之滨海新区地下水位较高，路基为潮湿、过湿状态，基层强度低，面层在过软路基、强度不足的基层上承受荷载极易造成沉陷、开裂，如图2.55所示。

图2.55 路基强度不足引起的路面破坏

c. 路面结构的强度不足引起路面早期开裂。

滨海新区特别是经济技术开发区的很多道路是在20世纪80年代到90年代初修建的，由于当时的经济水平所限，路面结构厚度一般偏薄，结构强度也较弱，并且交通量的增长过快引起早期开裂，再加上雨水的进入，造成路面破损的迅速扩大，如图2.56所示。

图2.56　路面结构强度不足引起的结构破坏

综合分析可看出，施工期间运输工程材料重载交通、软基不均匀沉降、路面结构厚度不足等问题是造成滨海新区路面破坏的主要原因。

(3)路面结构类型选择

①沥青混凝土路面和水泥混凝土路面的选择。

现有路面结构可分为沥青混凝土路面和水泥混凝土路面两大类型，两者各有优缺点：水泥混凝土路面理论上讲使用寿命长，使用期间的养护维修费用低，但水泥混凝土路面接缝多，开放交通迟缓，修复困难，从全国各地水泥混凝土路面使用效果来看不太理想，通车不久就有板面破损，而且噪声大；与水泥混凝土路面相比，沥青混凝土路面具有表面平整、无接缝、行车舒适、噪声低、养护维修方便等优势，如表2.5所示。本区域道路以采用沥青混凝土路面为主。

沥青混凝土路面与水泥混凝土路面比较表　　表2.5

比较项目	沥青混凝土路面	水泥混凝土路面
行车舒适性	表面平整，行车舒适	接缝影响行车舒适
噪声	噪声小	噪声大
施工难易程度	施工简单	施工较复杂
后期养护维修	费用稍高，但维修简单，开放交通快	费用低，但维修较难，且开放交通慢

②沥青混凝土路面面层的选择。

a. 为保证中新生态城生态环境健康，满足功能区噪声达标率100%，主要采用橡胶粉改性沥青路面(图2.57)。

图2.57 采用橡胶粉改性沥青施作的降噪排水路面

橡胶粉改性沥青是一种高性能、低价格的环保型新型路用材料,采用橡胶粉改性沥青铺设的路面具有以下优点:

一是,减缓沥青路面的老化,与普通路面相比,可延长寿命1~3倍;

二是,增加路面弹性,车辆行驶时不扬起尘土;

三是,可缩短车辆的刹车距离约25%,且减轻路面反光,提高车辆行驶安全系数;

四是,黏结力强,耐磨性、抗水剥落性大为提高。路面基本不发生沙石飞散现象,耐磨耗寿命为普通路面的2~3倍,降低路面维护费用30~50%;

五是,冬季的抗撕裂性能及夏季的抗融变性能提高40%(-35℃低温不裂,80℃高温不软)。

对比橡胶粉改性沥青与SBS改性沥青,可进一步看出橡胶粉改性沥青的显著特点:

根据目前石油沥青、改性沥青和橡胶粉的市场价格分析,可以清楚看出橡胶粉改性沥青混凝土代替传统的SBS改性沥青混凝土有显著的优势。从表2.6中可看出,每吨橡胶粉改性沥青比SBS改性沥青节约材料费11%,如果采用干拌法施工,由于节省了改性沥青加工过程中的燃料费和相关设备费用(每吨改性沥青加工费为200元),材料费还可以节约7%左右。

从长期使用效能来看,橡胶粉改性沥青与普通路用A级沥青相比,由于延长了使用寿命,从而节省了大量的维护费用。

普通沥青、橡胶粉改性沥青与 SBS 改性沥青对比一览表　　表 2.6

比较项目	普通沥青	橡胶粉改性沥青	SBS 改性沥青
降噪效果	差	好	较好
刹车距离	长	短	短
抗高低温能力	弱	强	强
使用寿命	较短	长	长
造价	低	较低	高
后期维护费用	高	低	低

从环保角度讲,橡胶粉改性沥青混合料的原材料——橡胶粉本身就是对废旧轮胎回收利用产生的。生产橡胶粉改性沥青可以大量消化橡胶粉,从而为橡胶粉生产行业找到最佳的下游出口。同时,橡胶粉改性沥青路面可以有效降低交通噪声,从而明显改善道路两侧居民的居住环境;橡胶粉改性沥青高黏结力可以抑制路面剥离,从而减少行车时扬起的烟尘,改善空气环境;用高黏结力的橡胶粉改性沥青可以铺筑透水型路面,这种路面可以使雨后的积水通过地面径流和向下渗透两种方式排泄,大面积推广这种路面将使沥青路面雨后积水的情况得到显著改善(图 2.58)。

a)常规路面

b)橡胶粉改性路面

图 2.58　不同沥青路面在雨天的效果

b. 部分路段探索性的采用排水路面。

纬二路(运河路—纬三路),桩号范围为 WEK1 + 244.767 ~ WEK1 + 577.189,

长度332.422m,采用排水路面。4cm排水降噪沥青混凝土(OGFC-13,高黏TPS改性)+1cm胶粉改性沥青(用量1~1.2kg/m²)+6cm中粒式沥青混凝土(AC-16F)+乳化沥青透层+18cm水泥稳定碎石(3.5MPa/7d,骨架密实型)+18cm水泥稳定碎石(3.0MPa/7d,骨架密实型)+15cm石灰粉煤灰土(石灰:粉煤灰:土=12:35:53),总厚62cm,如图2.59所示。

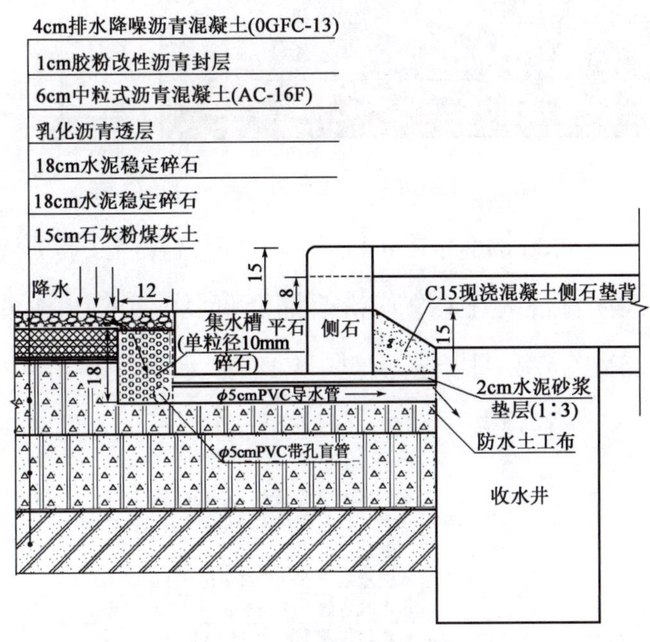

图2.59 排水降噪路面结构设计

铺筑完下面层后需反开槽铺设盲管、排水管和侧平石,集水槽四周铺设防水层,填料采用10mm单粒径碎石,尺寸120mm×180mm。排水系统采用直径5cm、PVC纵向带孔盲管,并通过三通管和PVC导水管相连,导水管下铺设防水土工布。

(4)路面结构组合设计

主干道机动车道路面结构为:4cm细粒式沥青混凝土(橡胶粉改性沥青AC-13C)+8cm粗粒式沥青混凝土(橡胶粉改性沥青AC-25C)+1cm下封层+18cm水泥稳定碎石(3.5MPa/7d,骨架密实型)+18cm水泥稳定碎石(3.0MPa/7d,骨架密实型)+18cm石灰粉煤灰土(12:35:53),总厚66cm,见图2.60。

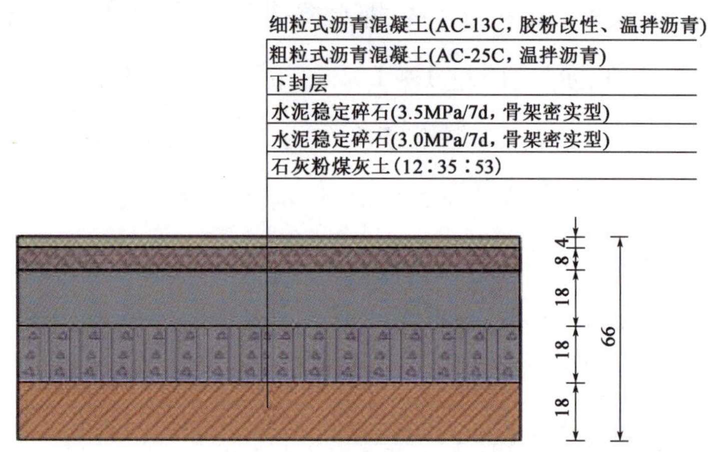

图 2.60　主干道机动车道路面结构(尺寸单位:cm)

支路机动车道路面结构为:4cm 细粒式沥青混凝土(橡胶粉改性沥青 AC-13C)+6cm 中粒式沥青混凝土(橡胶粉改性沥青 AC-20C)+1cm 下封层+18cm 水泥稳定碎石(3.5MPa/7d,骨架密实型)+18cm 水泥稳定碎石(3.0MPa/7d,骨架密实型)+15cm 石灰粉煤灰土(12∶35∶53),总厚 61cm,见图 2.61。

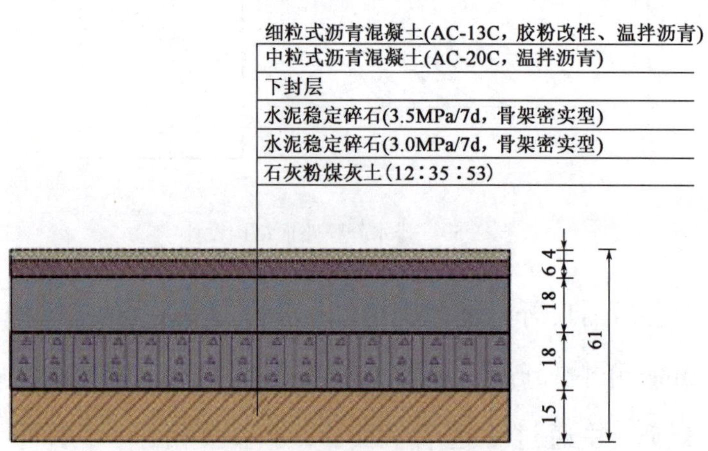

图 2.61　支路机动车道路面结构(尺寸单位:cm)

6)慢行系统结构设计

城市路面硬化程度越高,给城市生态环境带来的危害就越大。修建生态型渗水路面是保护中新生态城生态环境的需要。渗水路面结构由渗水路面砖和透水基层结构组成(图 2.62、图 2.63),适用于中新生态城人行道、居住区内部道路、城市广场路面及小型车停车场等。

图2.62 透水砖

图2.63 彩色透水混凝土

随着城镇建设速度加快,城市路面硬化程度越来越高,给城市生态环境带来严重危害。由于路面不透水,降雨时雨水不能及时补充地下水源,相反雨水经下水道排入河道,不同程度地污染了河道水源;硬化路面会吸收、储存太阳的热能,加剧城市夏季的炎热,加重空气污染,有助于城市热岛效应的形成;硬化路面还会引起诸多环境和生态负效应,对保护城市生态环境极为不利。

建设渗水型路面可以涵养地下水源,补给绿化用水,减少地表径流,降低城市水污染。通过透水路面铺装,将过去白白流入下水道的雨水渗入地下,实现水资源可持续利用,是保护城市生态环境的重要措施之一。

慢行系统铺装采用环保型透水路面。根据规划的4个生态片区,由若干生态社区组成,集居住、商业、产业、环境、休闲等多种功能于一体,是生态城各项功能的载体。4个生态片区的慢行系统铺装设计应协调统一,并不失各自的特点。

慢行系统铺装设计应与各个生态片区的功能和景观结合起来,体现系统化和人性化的设计思想,在生活区应柔和宁静,体现休闲的意境;在商务区铺装色彩应有激情,体现活力、热情的氛围。

慢行系统结构:6cm环保型透水路面砖+3cm缓冲层(中砂)+20cm无砂混凝土+15cm级配碎石,总厚44cm。

人行道的铺装应结合不同的功能区,在保证整体风格的基础上有所区别。生活区可结合具体的位置、周边的环境、建筑、景观需要等,选择不同档次的混凝土花砖相搭配,色彩应柔和明快,体现休闲的意境,使其在实用性和色彩上达到与周边环境协调统一的目的；金融商业、行政办公区铺装的色彩应典雅大方，应有激情，体现活力、热情的氛围，选材应考虑耐磨抗滑，满足停车需求；花园广场要求“美”而“实用”，强调特色，成为周边环境的景观亮点。

7）侧、缘石设计

侧石采用烧面芝麻白花岗岩，尺寸为100cm×30cm×15cm，侧石下设置25cm宽的现浇平石。缘石采用混凝土材质，尺寸为80cm×20cm×10cm。

8）无障碍设计

虽然近些年我国城市交通在无障碍建设方面取得了一定的成绩，但总的来看，设计规范没有得到较好执行，与残疾人的需求及发达国家和地区的情况相比，我国的无障碍设施建设还较为落后。在城市交通方面主要表现在以下几点：

人行道的盲道建设不系统、不健全，盲道上存在障碍物（例如电线杆、沙井盖等），并经常出现中断现象；多数人行道未设缘石坡道；人行天桥、人行地道没有坡道或坡道的坡度过大；交通信号未考虑残疾人的过街要求；公共汽车站未考虑残疾人要求，缺乏无障碍公共汽车，等等。

因此，在本设计中，主要从几个方面考虑无障碍设施设计，即人行道、非机动车道、人行天桥和隧道、公交停靠站和公交车辆、交通信号设计等。

（1）人行道

残疾人需要无阻碍的人行道，以方便他们的出行。人行道在交叉路口、人行横道、街坊路口、广场入口必须设置轮椅通行的坡道，正面坡度不得大于1∶12，宽度不得小于1.2m。在人行道上必须连续设置为视力残疾者引路的导向触感盲道和圆点形的指示前方障碍的提示盲道，盲道建设应该系统、完善，一般铺装宽度为0.3～0.6m。

（2）非机动车道

非机动车道应考虑轮椅的通行，纵坡不大于2.5%，车道宽度可取3.0m。

（3）人行天桥和隧道

人行天桥（隧道）的坡度不大于1∶12，条件困难时不得大于1∶10。人行天桥

(隧道)的梯道两端应设置为视力残疾者导向的提示盲道;梯道和坡道两侧应设置护栏,方便拄杖者使用;梯道踏步或坡度表面应采取防滑措施。

(4)公交停靠站和公交车辆

公交停靠站考虑公交车辆的车厢地板高度,使站台与公交车辆的车厢地板位于相同高度。

(5)交通信号设计

在城市人行交通繁忙的路口和主要商业街设音响交通信号;残疾人通过街道所需的绿灯时间,按残疾人步行速度0.5m/s计算;带按钮的人行过街信号灯的按钮高度应考虑残疾人对高度的要求,一般不高于1.4m。

第3篇

桥　梁

3.1 独具匠心的桥梁设计

桥梁是中新天津生态城中最具特色的建筑类型之一，不仅具有交通功能，主体结构所具有的优雅曲线和活泼的造型本身就是一道美丽的风景线，值得市民欣赏和品味。这些桥梁是功能与美观的完美结合，在设计期间，设计者也付出了艰辛的劳动。为了这些桥梁的顺利实施，在设计过程中采用了一些创新技术和较为全面的精细化设计，主要内容如下。

3.1.1 注重美观、新颖的桥梁方案设计

方案设计是桥梁建设过程中的重要一环，决定了桥梁设计的科学性、合理性、美观性以及可实施性。生态城内的几座桥梁在造型方面进行了大胆创新，每一座桥梁都独具特色。

(1)中生大道跨蓟运河故道桥梁(以下简称“中生大道桥”)工程

该桥在外形方面做了卓有成效的创新，桥梁底板纵横向均采用了流畅的样条曲线(图3.1)，形成了一个连续的空间曲面。天气晴朗的时候，天空的蓝色被河水反射到箱体上，呈现出若隐若现、虚虚实实的光影效果。蓝色不是均匀的蓝色，

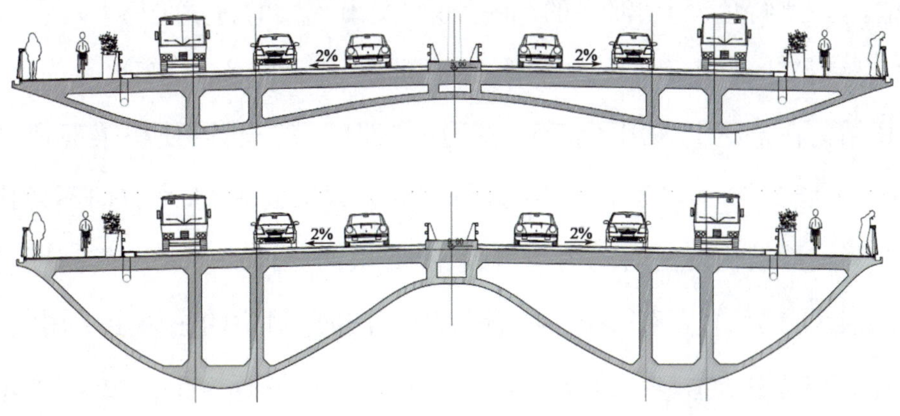

图3.1 中生大道桥梁方案剖面图

而是有深浅变化的，而且一天之中，一年之中，不同的视角下，均有不同的视觉感受（图3.2、图3.3）。

图3.2　中生大道桥梁方案效果图（傍晚）

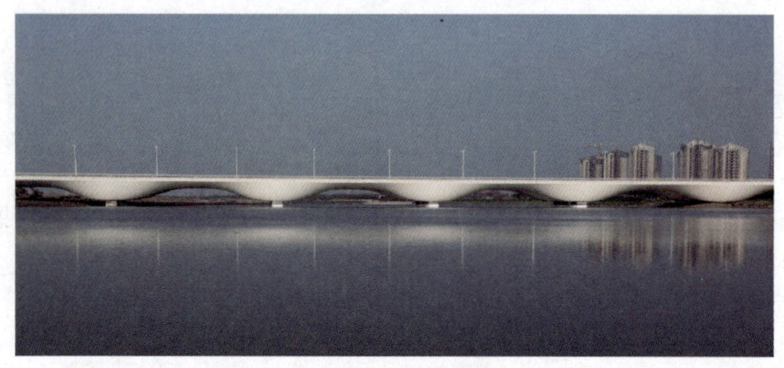

图3.3　建成后的中生大道桥梁实景（日间）

照明设计与桥梁景观融为一体，结合桥梁椭圆弧形桥墩且桥梁“漂浮”于河面的桥梁结构特点，在照明灯具样式、灯杆款式上进行了专门设计，使照明设备融入壳体，协调一致。夜景照明设计思想是充分突出和烘托桥梁椭圆弧形桥墩、流线型护栏等桥梁特色，利用河面的倒映效果，突出桥梁的自然美感。

（2）经六路上跨蓟运河故道桥梁（以下简称“经六路桥”）工程

主桥结构在造型上采用了流畅、飘逸的“双飘带”设计，使桥梁显得轻盈、通透。其中，上层飘带由主梁行车道和人行道的悬臂组成，在水平方向不变化；下层飘带由拱形支撑结构两侧的翼结构组成，随着拱的延伸而不断改变高度、长度和角度，形成起伏飘动的姿态（图3.4、图3.5）。同时，引桥的主梁也采用了类似的外形设计，在主、引桥衔接部位进行了平滑处理，使两者在风格上统一、连续，形成一个有机的整体，增强了艺术表现力。

图3.4 经六路桥梁方案效果图

图3.5 建成后的经六路桥梁实景(对比效果)

水面上的钢结构“飘带”使这座桥显得轻盈、通透(图3.6),与下游中生大道桥的混凝土壳体桥梁形成了呼应与共鸣。

图3.6 经六路桥梁方案效果(中间位置)

桥面分为两幅,使上下行交通流分离,机动车道被安排在内侧;而外侧,行人则可优先与周边景观对话,当人们经过河道之时,他就像是参与到场景当中的演员,情景随之不断变化。

(3)中天大道跨惠风溪桥梁(以下简称“中天大道桥”)工程

该桥借鉴了我国古代石拱桥的形式,将历史文化传承作为景观概念设计的主线,并与周边的青坨子特色中心的建设融为一体,力争重现历史村落的人文特色。桥梁总体造型围绕着“文化”这一主题,在桥梁的造型中蕴藏着历史文化的内涵,以古典拱桥造型喻示着我国历史文化中宝贵的精神财富(图3.7、图3.8)。

图3.7　中天大道桥梁方案效果图

图3.8　建成后的中天大道桥梁实景(对比效果)

为了更好地营造古典拱桥的造型效果,采用干挂石材装饰桥侧,并用石材的人行栏杆(图3.9~图3.14)保证风格的统一。

(4)生态谷跨惠风溪人行桥(以下简称“惠风溪人行桥”)工程

该桥的设计着重突出“自然和谐”的理念,主体结构以“曲、翘、卷”为造型手段,桥梁立面、平面强调扭、转、伸的空间变化。整个桥梁就像一片树叶搭在惠风溪河道之上,轻盈而灵动(图3.15)。桥梁两翼宛如伸展的翅膀,向跨中逐渐变宽延伸,随着翼板(臂膀)变宽、变高,翼板上开有长条曲线形窗洞,窗洞内饰玻璃与格栅百叶(图3.16)。

图3.9 干挂石材装饰桥侧

图3.10 桥梁栏杆参考的赵州桥浮雕石材样式

图3.11 参考的中国传统文化石材样式——梅兰竹菊

图 3.12　中天大道桥梁建成后的栏杆样式(一)

图 3.13　中天大道桥梁建成后的栏杆样式(二)

图 3.14　中天大道桥梁建成后的栏杆样式(三)

图 3.15　惠风溪人行桥桥梁方案效果(鸟瞰)

图 3.16　惠风溪人行桥建成后的效果

3.1.2　特殊、复杂结构的受力性能分析

这些桥梁虽然非常美观,但结构也很新颖,与常规桥梁相比,结构受力方式有较大差别,造成其结构分析难度很大。

(1)中生大道桥

本桥边腹板为曲面,结构的受力相当复杂。在自重以及车轮荷载作用下,结构表现出明显的空间变形和受力特性。此外,活载作用下的横向受力将影响箱梁顶板、腹板的配筋计算与结构尺寸的确定,只考虑纵向而粗略或简化进行横向影响分析是不够的,特别是对于多车道的城市桥梁。因此,在设计中采用空间分析计算(图3.17、图3.18),对其进行全面的力学分析,掌握其横向受力特点,确保其安全性。

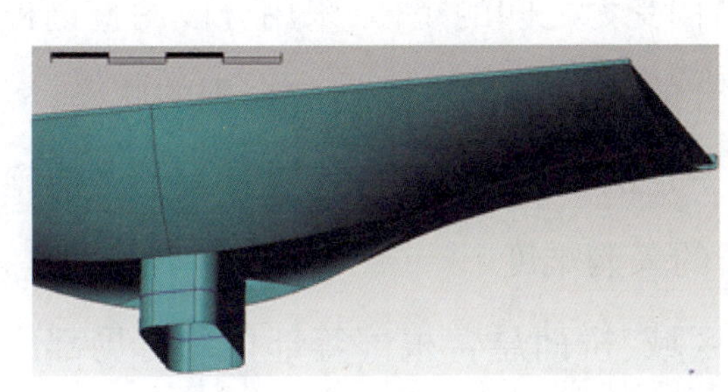

图3.17　中生大道桥空间分析模型

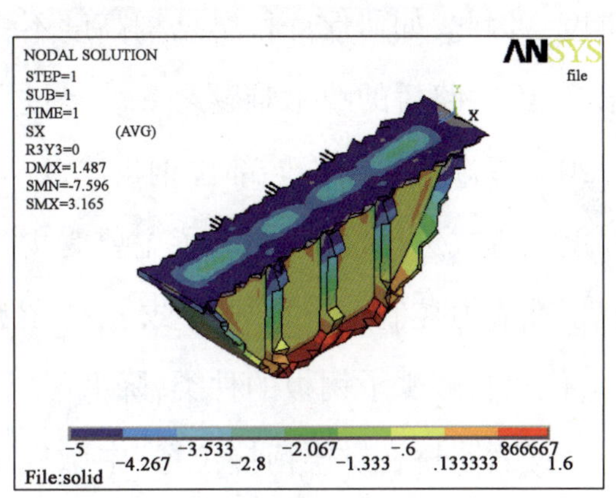

图3.18　中生大道桥数值分析结果(局部)

考虑到该桥体量庞大、模具复杂,在施工过程中对拆模的顺序和方法要求很高,设计时对桥梁的施工顺序进行了模拟计算;在施工过程中,设计人员全程参与结构监控,并根据实际情况适当调整了施工顺序,确保了结构实际受力状态与设计吻合。

(2)经六路桥

该桥在总体上属于"拱梁组合的刚架式受力体系",拱梁结合点位于跨中,拱脚(桥墩处)的主梁没有竖向支撑,因此桥面荷载的传力路径比较曲折,总体受力比较复杂;拱脚采用与常规拱结构反向的弯曲形式,使压力线远离截面形心,呈现以弯曲为主的受力形式;同时,由于造型需要,主梁和拱结构均非常纤薄,抗弯能力较差,这些都大大增加了主桥的复杂性和设计难度;因此,在设计过程中对桥梁方案中的主体结构进行了详细的计算分析和优化调整。

原方案的主梁和拱结构腹板采用整体倾斜的形式,造成拱脚部分的横向尺度较小,横截面的特性值不佳,应力超出规范要求。经过优化设计,采用直腹板的形式(图3.19),加大了拱箱宽度,改善了应力,使之满足规范要求,同时由于两侧"飘带"结构的遮挡,对造型的影响几乎可以忽略,实现了美观与安全的双赢。

由于飘带造型的要求,主梁和拱形支撑结构的建筑高度很低,只有1m左右,导致了结构的截面特性与普通的桥梁结构相比非常不利。为了弥补该不足,只能增加板材厚度,但是这样会造成材料允许应力的降低,同时增加结构自重和施工难度。因此,如何保证桥梁结构高度不变,同时还能减轻桥梁自重,并满足规范要求,是经六路桥的技术难题之一。经过大量的结构调整、计算分析及优化计算(图3.20),逐渐摸索出不同部位钢板厚度与结构受力之间的规律,采用分段调整钢板厚度的方式进行设计,保证了主要受力部分的钢板材料达到均匀合理的状态,实现了在应力控制上满足规范要求,并留有一定的富余量的目标;同时为了方便施工,优化和减少了钢板的种类,降低了材料的采购难度。

经六路桥在拱梁衔接位置、中墩支座区域、桥面悬臂根部等部位均有局部应力集中现象,如果这些部位的细部构造设计不当,将易发生局部应力超标、早期损坏的情况。因此,如何保证这些位置的细部构造能够满足使用要求,是本工程的技术难题之一。为了解决这些部位的应力集中问题,通过板壳单元精细化有限元分析(图3.21)进行局部优化,经过多轮改进和完善,最终得到了安全、合理的构造细节。

(3)生态谷跨惠风溪人行桥

该桥钢箱梁平面投影为S形,横向在中墩位置偏移9.075m,结构受力较为复杂。在设计过程中采用Ansys计算软件,用板壳单元进行了结构分析(图3.22)。

3.1.3 注重检修便利性设计

鉴于这些桥梁的复杂性与检测工作的烦琐,为了使桥梁结构在运行期间安全、适用和耐久,采取了相应的设计措施,以保证检修工作方便、可达。

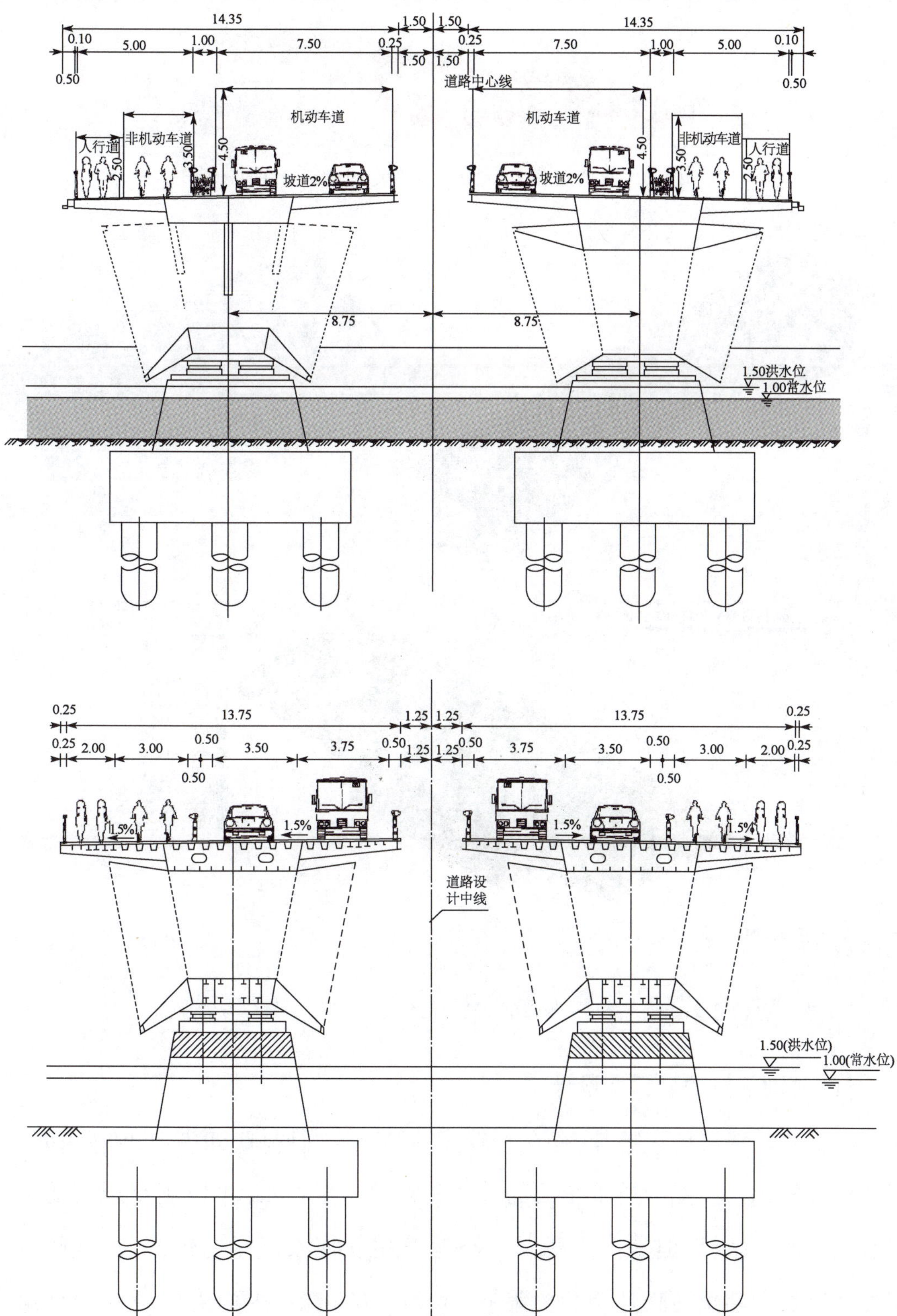

图3.19 经六路桥原方案采用斜腹板形式调整为直腹板形式(尺寸单位:m)

图 3.20　经六路桥梁单梁优化计算模型(仅示边跨部分)

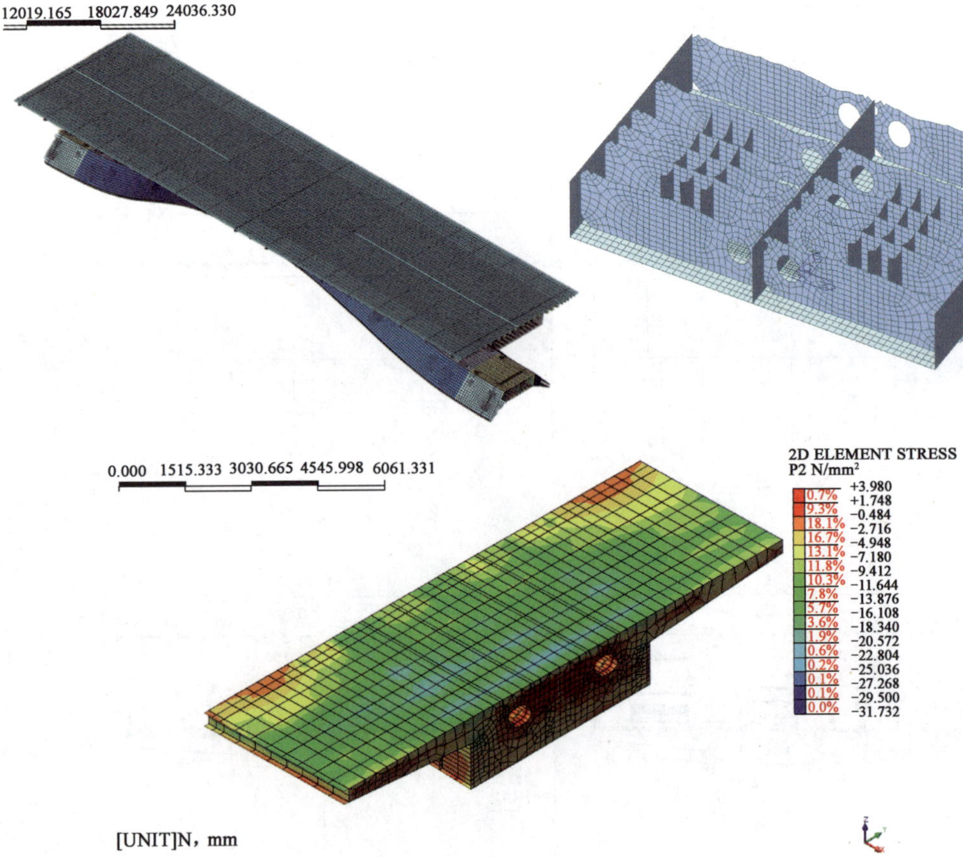

12019.165　18027.849　24036.330

0.000　1515.333　3030.665　4545.998　6061.331

2D ELEMENT STRESS
P2 N/mm²
0.7%　+3.980
9.3%　+1.748
18.1%　−0.484
16.7%　−2.716
13.1%　−4.948
11.8%　−7.180
10.3%　−9.412
7.8%　−11.644
5.7%　−13.876
3.6%　−16.108
1.9%　−18.340
0.6%　−20.572
0.2%　−22.804
0.1%　−25.036
0.1%　−27.268
0.0%　−29.500
−31.732

[UNIT]N，mm

图 3.21　经六路桥梁板壳单元精细化有限元模型及计算应力(局部)

(1)关键部位的可达性设计

由于经六路桥结构特殊,存在着较多的复杂应力区域,如拱-梁衔接位置、悬臂桥面板根部。虽然经过了全面的计算和复核,结构设计可以满足规范要求并留有一定的富余量,但是由于我国公路运输超载现象仍然比较普遍,这些复杂应力区在长期超负荷作用下仍然有损伤、破坏的可能,因而需要经常进行检查和养护。

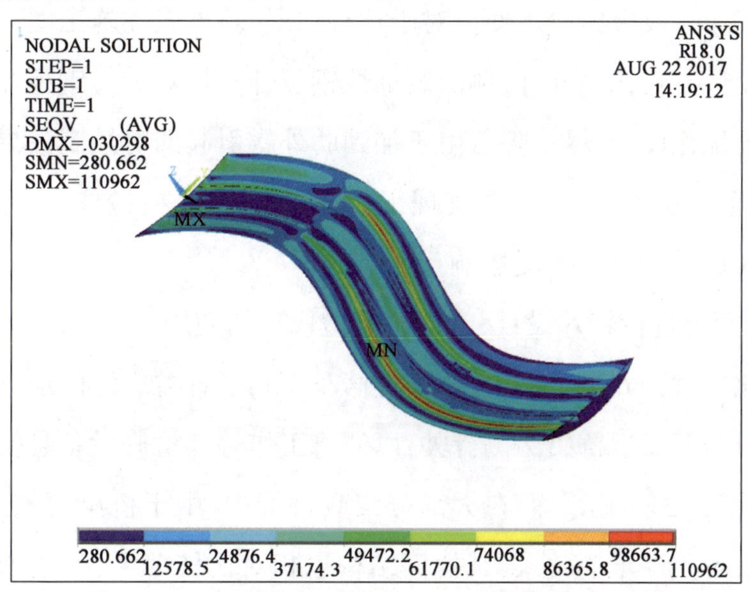

图3.22 生态谷跨惠风溪人行桥有限元模型及计算应力

为了方便检查和养护，在设计过程中对这些关键部位专门进行了可达性设计。例如，在桥面外侧的悬臂部分，靠近腹板的部位有较大的汽车荷载应力。原设计方案采用的是封闭式箱型结构设计，给结构检修带来很大的困难。新方案在施工图设计阶段进行了“可达性”优化设计，在每个箱体的底板上开设了圆端形扁长孔，孔口尺寸能够较好地满足检查和维修的需要（图3.23），同时增加了桥梁的美感。

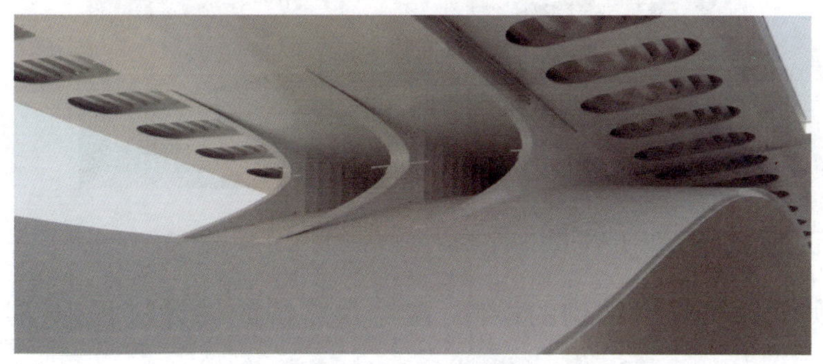

图3.23 关键部位采用了检修可达性设计

再如，在拱-梁衔接位置存在着比较复杂的应力区，在桥梁运行期间需要经常性地进行检查和检测，但是原设计方案出于美观考虑，采用了具有一定厚度的外形设计，这就要求在受力腹板的外侧附加装饰性钢板来实现，这样将对关键受力部分的检修工作造成极大的不便。对于这种情况，新方案在施工图设计阶段采用了开敞式的设计方式，除去了两侧的装饰性钢板，同时，对受力钢板加劲肋的尺寸和位置进行了优化设计，尽量降低由于加劲肋外露引起的对景观效果的不利影响(图3.23)。通过这些调整，基本实现了桥梁关键部位在检修时“看得见、够得着”，同时桥梁的美观基本不受影响。

(2)对人行道进行特殊设计，方便桥梁检修车的使用

在现代化的桥梁养护工作中，桥梁检修车得到了日益广泛的应用。但是这些车辆在工作时需要靠近桥梁两侧行驶，以便将工作臂和检修设备悬挑到桥面下的相应位置，如图3.24所示。而在大部分市政桥梁中，由于桥梁两侧是人行道，这部分路面一般不允许车辆驶入，其桥面结构也相对比较薄弱，不能承担汽车车辆的荷载，这就大大限制了桥梁检修车的使用。对于经六路桥，人行道宽度达5.0m，如果检修车仅能在机动车道上停靠，基本不可能对桥梁进行检修。

图3.24　桥梁检修车的常规工作模式

为了方便对桥梁悬臂结构的检修，在经六路桥的设计过程中，对两侧的人行道部分按照汽车荷载标准进行了复核计算，同时对这部分桥面采用了与机动车车道相同的桥面铺装结构形式，使桥梁检修车可以顺利、安全地在人行道范围内行驶和停靠，从而方便对主梁的关键部位进行检查和维修，大大提高了养护效率，如图3.25所示。

图3.25　桥梁的大悬臂结构及可上检修车的人行道

3.1.4　全面的耐久性设计

为了保证桥梁在使用期间能够长期维持其设计性能的要求，在长期的腐蚀性环境中结构的适用性和安全性不受影响，对中新天津生态城的桥梁进行了全面的耐久性设计。

首先，根据不同部位所处的工作环境和腐蚀程度不同，确定了相应的环境作用等级，选用相应的耐久性混凝土材料，并对其最大水胶比、最小胶凝材料用量、最大氯离子含量、最大碱含量等技术指标提出了要求。

对于腐蚀性特别严重的部位，采用了特殊的防腐措施来保证桥梁的耐久性。例如，对承台顶以上的混凝土表面采取涂层保护的防腐措施，涂刷含阻锈剂的混凝土保护涂层（图3.26），这样可以防止水通过毛细管向上或向内扩散，同时可起到防水、防冻、防碳化作用。

因经六路桥主桥上部结构采用钢结构，所以防腐处理尤为重要。设计中根据桥梁所处环境和钢结构的不同部位，采用了相应的防腐涂装体系。考虑到减少运营期间主体结构的维护工作，均采用长效型涂装体系。

图 3.26　主桥墩的防腐涂装

3.1.5　桥梁结构的抗震-速度锁定器支座的使用

中新天津生态城位于八度地震区，地震产生的水平力较大，对于中生大道桥和经六路桥而言，在抗震设计方面存在着很大的难度。

如果按常规的方式进行设计（即主桥全桥仅在中间墩位设置纵向抗震支座，其余墩位纵桥向为活动支座），经抗震计算可知，制动墩的设计难度很大，虽然可以通过加大桩径、桩距、承台尺寸的方式进行加强，使之最终满足要求，但是会产生较高的工程费用，同时也加大了施工难度。因此，在桥梁设计过程中进行了桥梁抗震专项分析，比较了不同抗震体系和抗震措施，综合考虑工程造价、施工难度、工程可靠性、景观效果等多种因素，最终采用了在活动墩上设置速度锁定器的方式，以改善桥梁的抗震性能，如图 3.27 所示。

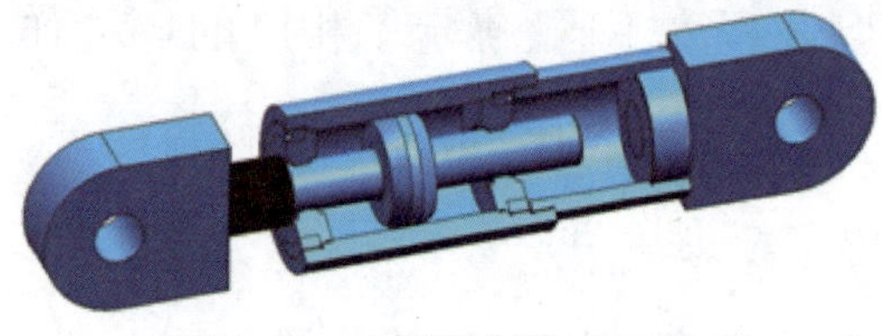

图 3.27　速度锁定器（单品模型）

速度锁定器装置的特点：在结构纵向伸缩变形（即在温度变化、混凝土收缩、徐变等效应引起的结构纵向变形）速度小于限值时，可以通过锁定器里的调节装置适应结构变形，从而释放由上述荷载引起的结构内力。当结构纵向伸缩变形速度大于限值时（地震效应引起的纵向变形），支座内的速度锁定装置发挥作用，将支座的纵向位移量锁定，此时主桥的活动墩在纵桥向将与固定墩协同工作，共同抵抗地震力。在设计过程中，考虑景观效果和锁定器固定方式等因素，采用了将速度锁定器与滑动支座合并为一体的速度锁定器支座（图3.28），使桥梁在抗震方面既能满足使用要求，又降低了工程造价，同时还保证了桥梁的景观效果。

对于经六路桥而言，由于该桥是一座钢桥，主体结构自重较轻，汽车荷载相对较大，桥梁在汽车偏载时部分支座会出现上拔力，严重时会可能引发倾覆，为了解决这一问题，在设计中采取了多项措施，其中之一是要求支座具有抗拔能力。综合结构抗震和桥梁抗倾覆的要求，开发设计了一种“抗拉拔速度锁定器支座”，即在速度锁定器支座的基础上增加了抗拉拔的功能。这种支座在提供常规固定和支撑作用的同时，还具备“水平方向抗震”和“竖向抗拉拔”功能，是一种多用途支座。这种抗拉拔速度锁定器支座在国内桥梁上的应用尚属首次。

图3.28 速度锁定器支座

3.1.6 优良耐久的钢桥面铺装设计

由于经六路桥主桥桥面为正交异性板钢结构桥面，具有表面温差大、钢板表面光滑、汽车荷载下局部变形大的特点，对桥面铺装的技术要求较高。综合国内外钢桥面铺装的经验与教训，结合经六路桥的实际情况，综合比较后采用了浇筑式沥青 + 改性沥青 SMA 的桥面铺装形式，如图3.29所示。

铺装下层采用浇筑式沥青混凝土。该铺装结构具有较好的高、低温性能，其专用的聚合物改性沥青不仅具有良好的高温性能，可保证浇筑式沥青混凝土在重载交通条件下不产生车辙，同时具有良好的延展性，可保证浇筑式沥青混凝土在桥梁挠曲变形和车辆荷载条件下不开裂。这种铺装采用悬浮式密实型结

图3.29 浇筑式沥青混凝土施工

构,空隙率很低(接近0%),具有不透水也不吸水的特点,可以较好地解决防水的问题;同时,在施工时具有较好的流动性,只需用摊铺整平机即可完成施工,不需碾压,并能达到规定的密实度和平整度。

铺装上层采用改性沥青SMA。该铺装结构可以提供较为粗糙的摩擦面,为机动车安全行驶提供保证。此外,与浇筑式沥青相比造价较低,有利于控制桥梁的建造成本。

3.1.7 突出桥梁造型、与景观融为一体的照明设计

桥梁的景观不仅仅表现在白天,桥梁在夜晚也有其多姿多彩的一面。在桥梁的照明设计过程中,充分考虑了不同桥梁的结构造型特点,根据总体设计理念和桥梁景观的需要进行了相应的设计。

在路灯照明设计中,对灯具样式、灯杆款式进行了专项比较,采用了简洁且与桥梁主体结构色调一致的灯杆样式(图3.30、图3.31),避免灯杆突兀,使照明设备融入桥梁结构中,与之协调一致;同时合理布置灯杆间距,营造良好的照明环境(图3.32)。

图3.30 精心选择的灯具样式和灯杆款式(经六路桥)

图3.31 精心选择的灯具样式和灯杆款式(中天大道跨惠风溪桥)

经六路桥的景观照明重点在于表现主桥的结构轮廓:充分利用钢拱的弧线,让灯具隐藏于灯杆内侧,顺着钢拱纵向方向每隔20~30m布置一盏射灯,射灯的

投射方向为向斜下方照射钢拱。夜景照明充分突出和烘托桥梁上下起伏的下层飘带、相对静止的上层飘带、流线型护栏等桥梁特色(图3.33),利用河面的倒映效果,突出桥梁的自然美感。

图3.32 路灯照明实景(中生大道桥)

图3.33 桥梁景观照明(经六路桥远景)

灯具光色采用暖白色,色彩与桥梁主色调一致,营造出玉带浮于水上的视觉效果。同时在人行道护栏内设置护栏灯,采用该护栏灯勾勒桥梁线形结构,突出桥梁流线,同时兼顾人行道照明,营造温馨静谧的城市夜景照明系统。

中生大道桥的照明设计结合桥梁椭圆弧形桥墩且桥梁"漂浮"于河面的桥梁结构特点,在照明灯具样式、灯杆款式上进行了专门设计,使照明设备融入壳体,协调一致。夜景照明充分突出和烘托了桥梁椭圆弧形桥墩、流线型护栏等桥梁特色,利用河面的倒映效果,突出桥梁的自然美感(图3.34、图3.35)。

生态谷跨惠风溪人行桥的照明设计采用了与"自然和谐"主题相一致的理

念，利用柔和的光线塑造出静谧的气氛，同时映衬出桥梁特有的曲线和卷曲的形态，如图 3.36 所示。

图 3.34　桥梁景观照明实景图（中生大道桥）

图 3.35　桥梁景观照明实景图（中生大道桥节日效果）

图 3.36　桥梁景观照明效果（生态谷跨惠风溪人行桥）

3.2　案例分析

中新天津生态城目前已经建成和正在建设的特色桥梁主要有四座：中生大道跨蓟运河故道桥、经六路上跨蓟运河故道桥、中天大道跨惠风溪桥、生态谷跨惠风溪人行桥，其主要分布情况如图3.37所示。

图3.37　中新天津生态城主要桥梁位置分布

3.2.1　中生大道跨蓟运河故道桥梁工程

桥梁位于生态城规划国家动漫产业园的东北侧，为规划的城市主干道——中生大道向北跨越蓟运河故道处，是生态城内跨蓟运河故道的重要节点之一（图3.38）。

（1）桥梁总体

该桥景观方案以“漂浮”主题作为设计理念，主体结构外形圆润流畅，是国内首座采用类似变截面混凝土连续箱梁结构形式建造的大型桥梁（图3.39）。该桥位于中新天津生态城城市主干道——中生大道向北跨越蓟运河故道处，全长925m，双向六车道，是联系生态城南部、生态城岛和北部、东北部的主要交通要道。主桥全长 297m，跨径布置为 40.5 + 4 × 54 + 40.5(m)，采用鱼腹式变截面连续箱梁、单箱四室截面，半幅桥宽 16.3m，中支点处梁高为 6.3m，跨中梁高为 2.3m，顺桥向半径 27m，存在 4m 高差。桥址处为蓟运河故道，河道内淤泥深度为 3.49 ~ 8.86m。

图 3.38　中生大道桥梁跨蓟运河故道鸟瞰

图 3.39　以“漂浮”为主题方案中生大道桥梁的建成效果

桥面设有向路边两侧倾斜 1.5% 的坡度，从而积水可以流入安装在路面外侧的纵向收水器内。横断面布置为：0.55m(栏杆) + 3m(人行道) + 0.75m(防撞护栏) + 0.5m(路缘带) + 11m(车行道) + 0.5m(防撞护栏) + 2m(中央分隔带) + 0.5m(防撞护栏) + 11m(车行道) + 0.5m(路缘带) + 0.75m(防撞护栏) + 3m(人行道) + 0.55m(栏杆)，全宽 34.6m。桥梁横断面如图 3.40 所示。

由于建造如此巨大的桥梁变截面难度相当大，所以设计上采用 5 个变截面完全相同的解决方案，这样对保证施工质量、降低施工难度有较大益处。该方案要

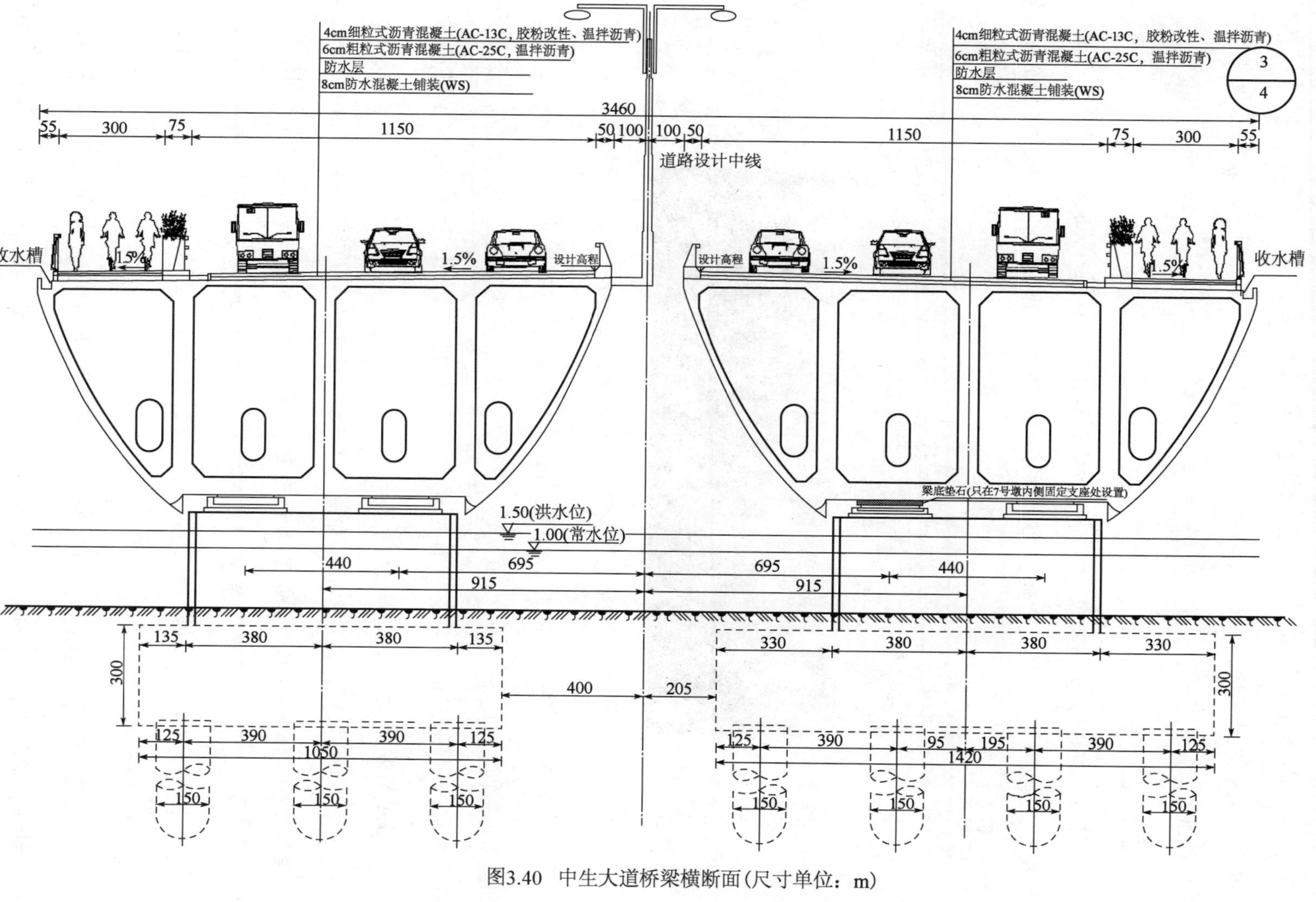

图3.40 中生大道桥梁横断面(尺寸单位：m)

求桥梁纵坡需要在主桥处尽量平直，经过道路设计调坡，桥梁高程控制点设在引桥侧，主桥桥梁纵向坡度为0.3%，在满足桥面排水要求的同时最大限度地降低坡度变化。

(2)主桥工程

主桥上部结构为(40.5+5×54+40.5)m鱼腹式变截面预应力混凝土连续梁，按照双幅桥梁布置。全桥由5个相同造型的混凝土变截面连续箱梁组成(图3.41)。

图3.41 中生大道桥主桥建成后的效果

箱梁为单箱多室截面，结合景观方面的考虑，主梁顺桥向和横桥向均为变截面。半幅桥箱顶宽17.3m，变截面主梁的支点处梁高为6.3m，跨中梁高为2.35m，桥面板厚度为0.25m。梁底线形为若干条圆弧组成的平滑曲面，底板厚度由跨中的0.25m渐变到支点处的0.5m。

箱梁外侧壳体厚度为25cm，箱室中央的三条腹板厚度为0.4~0.6m，腹板渐变段长度为2.5m。两幅主桥之间的桥面板未连接在一起，中间有2m的距离。为保证整体稳定性，横桥向设置了双支座，支座间距4.4m。在箱室内按9m左右间距设置相应的横隔板，横隔板厚度30cm，横隔板设有人孔；在每个箱室之间均设有通气孔和泄水孔。

箱梁采用预应力混凝土结构，纵向预应力采用$\phi^{s}15.2$高强度低松弛预应力钢绞线，标准强度$f_{pk}=1860\text{MPa}$[《预应力混凝土用钢绞线》(GB/T 5224—2003)要求]，预应力锚具采用M15-9型和M15-5型，钢束控制张拉应力取用$\sigma_{con}=$

0.73f_{pk},预应力管道采用塑料波纹管,真空压浆。

下部结构采用钻孔灌注桩基础上接承台、桥墩的形式,桥墩顶面通过支座与上部结构相连(图3.42)。中生大道桥基础采用钻孔灌注桩,灌注桩直径1.5m,每个墩位纵向3排,横向3排,共9根。

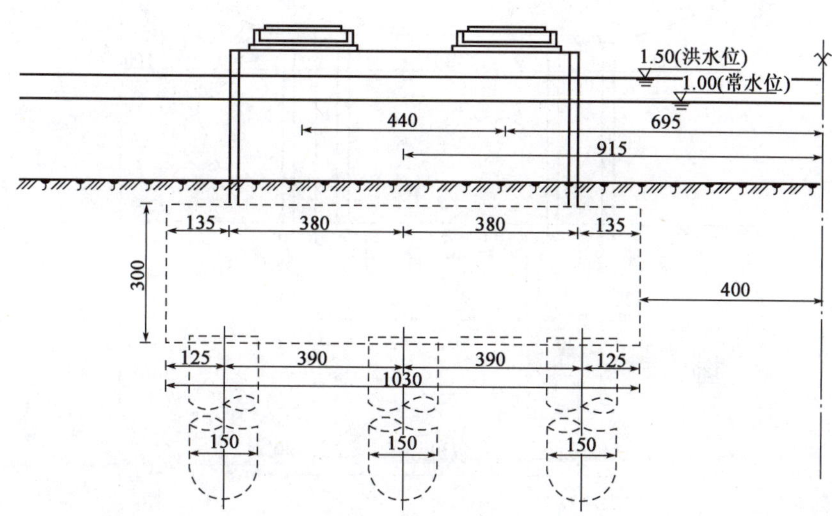

图3.42 中生大道桥主桥桥墩横断面(尺寸单位:cm)

(3)引桥工程

虽然引桥的造价占工程总造价比重不大,但是引桥结构的选形需要与主桥结构相协调(图3.43)。因此,设计过程中在结合美观、经济并且满足建设进度的前提下,根据总体方案的布置,对适应引桥结构的各种结构方案进行了详尽的结构受力、技术经济、施工及景观等的分析比较,最终选用预应力混凝土连续梁结构,以保持结构形式上的连贯性。

引桥上部结构采用标准跨径为25m的预应力混凝土连续梁,梁高1.6m。采用单箱多室截面,为保证桥梁景观表现上的统一,引桥腹板采用和主桥相近的弧形设计。腹板厚度为0.4~0.7m,渐变段长度4m。

桥梁下部结构形式根据施工及地质条件,采用柱式墩方式,边台采用薄壁式台,基础均为桩基础。根据路基设计的需要,桥台高度一般控制在2.5~3m以内。

桥梁的立柱宜简洁、轻盈、通透、挺拔,与上部结构协调,并与周围环境融合。根据所选上部结构断面形式,通过与普通圆抹角墩柱进行比较,最终使用与桥梁

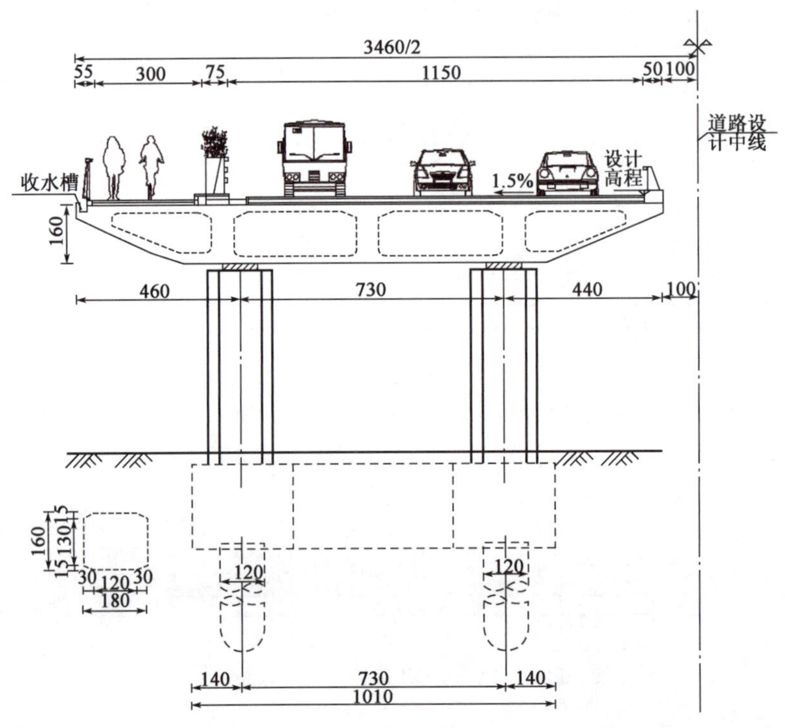

图 3.43　中生大道桥引桥横断面(尺寸单位:cm)

整体协调一致的花瓶墩的断面形式,将墩柱通过曲线抹角与上部结构箱梁圆滑过渡,有效避免了视觉的突兀感。

(4)附属工程

护栏:机非分隔带采用混凝土花槽分割,人行道外侧设带有网状隔栅的钢制栏杆(图 3.44)。

桥梁伸缩装置:采用 GQF-MZL80、160 型全封闭伸缩装置,伸缩量 80mm、160mm(图 3.45)。

图 3.44　中生大道桥慢行系统与人行道栏杆

图 3.45　中生大道桥机非分隔带与桥梁伸缩缝

3.2.2 经六路上跨蓟运河故道桥梁工程

经六路上跨蓟运河故道桥位于03片区与04片区之间，是生态城内跨蓟运河故道的重要节点之一（图3.46）。

图3.46 经六路桥梁跨蓟运河故道

(1)桥梁总体

本工程桥梁需要跨越蓟运河故道和一条被交道路，分成主桥和引桥两部分。主桥跨越蓟运河故道，受河面宽度240m和通航净空要求的限制，主桥总长度应大于240m。由于经六路桥与下游的中生大道桥距离很近，而且通航净空、河面宽度的要求基本一致，因此该桥同样采用了2×15m的通航孔设置形式。故桥梁跨径布置采用4×50m的形式，全长270m（图3.47）。引桥采用25m跨径桥梁上部结构。

图3.47 经六路桥梁跨蓟运河故道总体效果（岸上视角）

全桥总宽30.5m(图3.48),具体断面布置为:0.25m(人行护栏)+5m(慢行系统,包括2m人行道和3m自行车道)+0.5m(防撞护栏)+7.75m(车行道)+0.5m(防撞护栏)+2.5m(中央分隔带)+0.5m(防撞护栏)+7.75m(车行道)+0.5(防撞护栏)+5m(慢行系统,包括2m人行道和3m自行车道)+0.25m(人行护栏)。

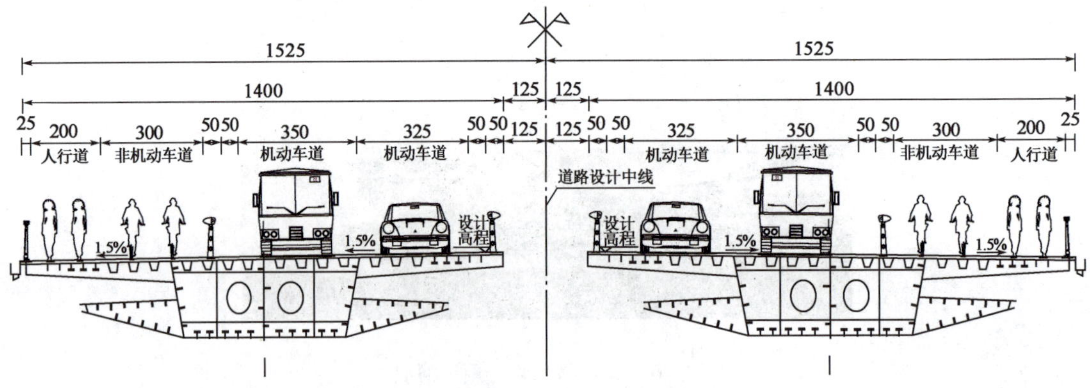

图3.48　经六路桥主桥横断面图(跨中位置)(尺寸单位:cm)

车行道7.75m,具体断面划分为:0.5m(路缘带)+3.25(小车道)+3.5(大车道)+0.5m(路缘带)。

主桥建在一个半径6500m的竖曲线上,两侧引桥的坡度为2.5%。

(2)主桥工程

经六路桥是连接生态城生态核与中部片区两个子片区的重要纽带。同时,经六路又与中新大道、中生大道、中央大道等主干道相接,可沟通塘沽、开发区、汉沽等区域,是生态核与生态城外部交通衔接的重要通道。所以,对桥梁结构形式、跨径及景观效果要求较高,合理选择该桥的桥型及跨径是主桥工程的关键技术问题。蓟运河故道通航净宽为30m,净高4.5m,常水位1.0m,洪水位1.5m。

主桥采用(35+4×50+35)m的拱结构支撑的钢连续箱梁桥,结构总体上属于拱梁组合受力体系。按照两幅桥梁布置(桥全宽30.5m),全桥由5个造型相同的主拱及主梁组成,结构新颖独特。

由于变截面的钢拱占用了一定的通航净宽,所以此桥需设置两个通航孔,采用2×15m双向通航的形式。钢拱-连续梁组合结构好像直接漂在河面上(图3.49),实际上是支撑于隐藏在“飘带”内的墩柱上。水面上钢结构的“飘带”使这座桥显得轻盈、通透,与下游的混凝土壳体的桥梁形成了呼应与共鸣,与周边景观融合、协调。

图3.49　经六路桥主桥建成后的效果

上部结构为(35+4×50+35)m钢拱结构支撑的连续箱梁桥。结构的高度为8~9m(桥面至水面净距)。全桥由5个造型相同的主拱及主梁组成,结构新颖独特,国内外的应用并不多见,所以需要研究的问题较多。

箱梁为单箱多室截面,结合景观方面的考虑,主梁顺桥向和横桥向均为变截面。其中主梁底板保持横向水平,顶板有横向1.5%的横坡,因此为一个不等高度的钢箱梁。主梁中心线处的高度为1.11m。

主桥施工工艺采用满堂支架架设、一次落架的施工方式。

下部结构采用钻孔灌注桩基础上接承台和桥墩的形式,桥墩顶面通过支座与上部结构相连。

经六路桥位于八度地震区,由于上部结构反力较大,按常规的设计方法计算(即主桥全桥仅在中间墩位设置纵向抗震支座,其余墩位纵桥向为活动支座),将由制动墩一个墩位承担所有地震水平力,经过计算,当基础布置9(3×3)个1.5m直径桩时,仍有高达1100kN的负反力,且桥墩配筋率较高,因此在本次设计中,主桥的5个主墩位采用了速度锁定器支座,这种支座在结构纵向伸缩变形(即温度变化、混凝土收缩徐变和低烈度地震引起的结构纵向变形)速度小于限值时,可以通过锁定器里的调节装置适应结构变形,从而释放由上述荷载引起的结构内力。当结构纵向伸缩变形速度大于限值时(七度或八度地震),支座内的速度锁定装置发挥作用,将支座的纵向位移量锁定。此时,主桥的5个主墩基础共同抵抗地震力。通过设置速度锁定器支座,使经六路桥方案合理、可行。

主桥施工流程为:

①施工主桥的下部基础,即施工桩基、承台、墩柱,同时在工厂加工钢结构节段;

②搭设满堂支架;

③拼装、架设、焊接各跨的钢结构节段,并在跨中预留合龙段;

④安装各跨的合龙段,全桥结构连接为一个整体;

⑤拆除支架,完成全桥结构体系转换;

⑥施工栏杆、铺装等附属结构。

(3)引桥工程

引桥结构的选形需要在外观上与主桥结构相协调。在结合美观、经济并满足建设进度的前提下,根据总体方案的布置,选用连续箱梁结构。由于主桥采用"多跨拱形支撑连续箱梁"结构的钢桥,考虑经六路桥在景观方面的较高要求,引桥上部结构采用底板在外侧设计有小悬臂结构的预应力混凝土连续梁结构(图3.50),以保持桥梁结构形式上的连贯性,确保桥梁结构满足景观要求。

主梁横断面的箱梁底板为两侧稍微上翘的曲线,有利于在桥下形成通透开阔的空间,同时底板在外侧设计小悬臂结构,在形式上与主桥的飘带形成呼应,使主桥与引桥成为一个有机的整体。

引桥梁高1.6m,与主桥相同,也按照两幅桥梁布置(桥总宽30.5m)。桥梁横断面布置同主桥。

桥梁下部结构形式根据施工及地质条件,边台根据两侧引路的不同分别采用肋式桥台和U形桥台,基础均为桩基础。根据路基设计的需要,桥台高度一般控制在3~3.5m以内。

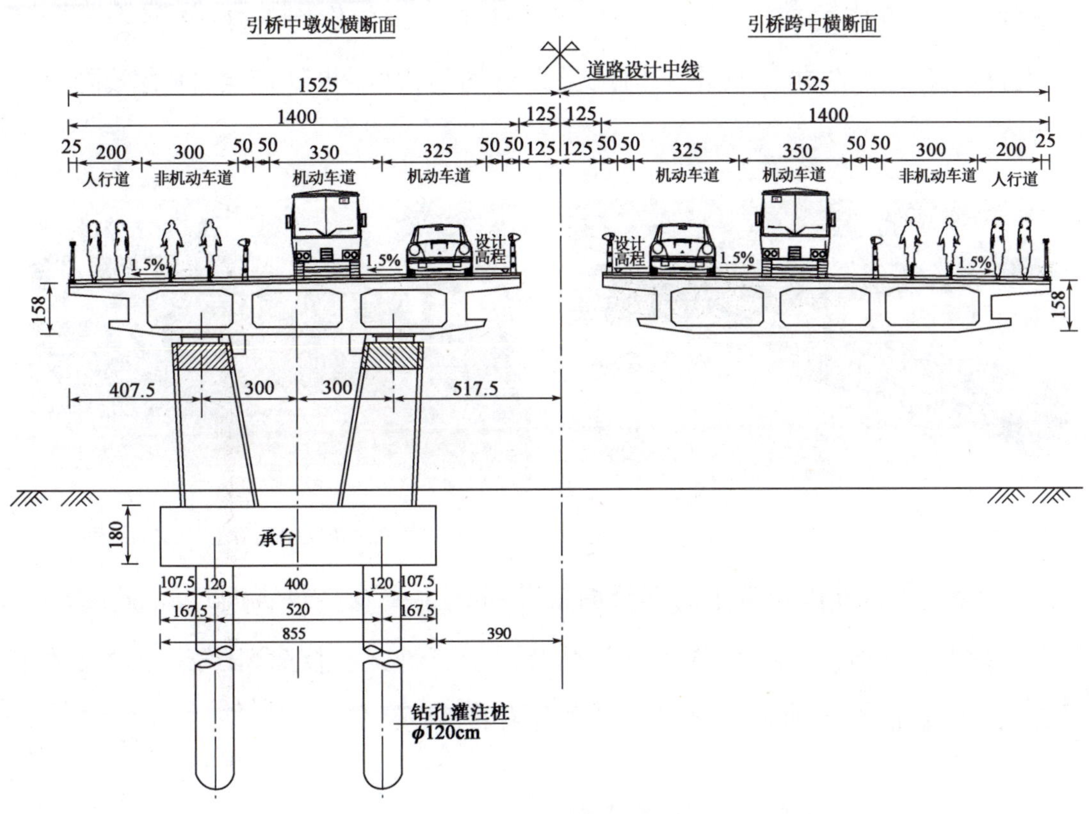

图 3.50　经六路桥引桥横断面(尺寸单位:cm)

桥梁的立柱宜简洁、轻盈、通透、挺拔,与上部结构协调,并与周围环境融合。根据所选上部结构断面形式,采用墩顶向外侧微倾的柱式墩形式。

(4)附属工程

车行道和人行道之间的护栏采用钢防撞护栏,人行道栏杆采用美观的钢护栏(图 3.51)。

桥梁伸缩装置:采用 GQF-MZL80、400 型全封闭伸缩装置,伸缩量 80mm、400mm(图 3.52)。

图 3.51　经六路桥人行道护栏、防撞护栏

支座:主桥采用速度锁定器支座(LUB,图 3.53)。其为支座与速度锁定器(LUD)的结合体,在保留支座所有功能的基础上增加了锁定功能,LUB 在正常情

况下发挥一般支座的功能，在制动力、风载或地震载荷作用下，LUB 便会自动锁定，发挥固定支座的功能，使得结构的受力更均匀，性能更稳定，且能有效降低工程造价。

图 3.52 经六路桥伸缩量 400mm 的桥梁伸缩缝

图 3.53 经六路桥安装在支座上的速度锁定器

桥面铺装：目前国内常用的钢桥面铺装系统主要有浇筑式沥青混凝土、环氧沥青混凝土、改性环氧树脂/SMA 复合铺装系统三种，经过综合比较，经六路桥采用浇筑式沥青混凝土铺装系统作为主桥钢梁的桥面铺装。

3.2.3 中天大道跨惠风溪桥梁工程

中天大道桥梁位于生态城起步区东侧边缘、中天大道上跨规划惠风溪的位置，是沟通生态城起步区和中部片区的重要节点（图 3.54）。

图 3.54 中天大道桥梁跨惠风溪鸟瞰

(1)桥梁总体

惠风溪是一条景观河道，红线宽度为 120m，桥位处河道宽度为 41.35m，西侧的堤岸宽度为 43.06m，东侧的堤岸宽度为 43.58m。本桥需跨越惠风溪河道、堤岸主园路和地面辅道，并兼顾桥梁的景观效果，遵循对称的分跨原则，进行合理的跨径布置。综合各种因素，选定主跨跨越河道，中墩落在河道内（图 3.55），边跨跨越主园路的方案，确定桥梁的主桥跨径布置为 85m（25m + 35m + 25m）；主桥东西两侧各有引桥 140m，跨径布置均为 7 × 20m；桥梁全长为 365m。

桥梁分上下两幅，横断布置为：3.5m 慢行车道车道 +11.5m 车行道 +2m 中央分隔带 +11.5m 车行道 +3.5m 慢行车道车道，共 32m。

(2) 主桥工程

在对桥梁结构进行详细计算分析后，选用混凝土格构梁结构形式，并通过外侧装饰来实现古典拱桥的景观效果（图 3.56）。

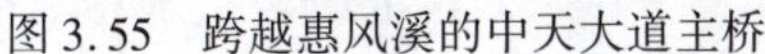
图 3.55 跨越惠风溪的中天大道主桥

图 3.56 中天大道桥梁总体效果

上部结构为三跨普通混凝土格构梁，跨径布置为 85m（25m +35m +25m），中墩处梁高为 7.694m，边墩处梁高为 6.548m，中跨和边跨跨中梁高均为 2m。在主梁的外侧添加曲线形的石材挂板，装饰桥侧。

下部结构的中墩采用矩形墩柱，下接承台及桩基础，单幅桥布置双排横向 5 根桩，桩直径 1.2m，桩长 50m；边墩采用高低墩，下接承台及桩基础，单幅桥布置单排横向五根桩，桩直径 1.2m，桩长 50m（图 3.57）。

(3) 引桥工程

引桥采用板梁结构，在外侧设置建筑立墙，立墙在里面上呈拱形，可以保证引桥与主桥在风格上相一致（图 3.58）。

上部结构为 20m 跨空心板梁结构，一侧引桥跨径布置为 140m（3 ×20m +4 ×20m），主桥东西两侧引桥对称。单幅桥横桥向有中板 9 块，板宽 1.24m，边板 2 块，板宽 1.87m，先张板的梁高 1m。

下部结构中墩采用桩柱接盖梁的形式，单幅桥布置单排横向 4 根桩，桩直径 1.2m，桩长 45m；边墩采用桩接盖梁的形式，单幅桥布置 4 排横向 4 根桩，桩直径 1.0m，桩长 35m（图 3.59）。

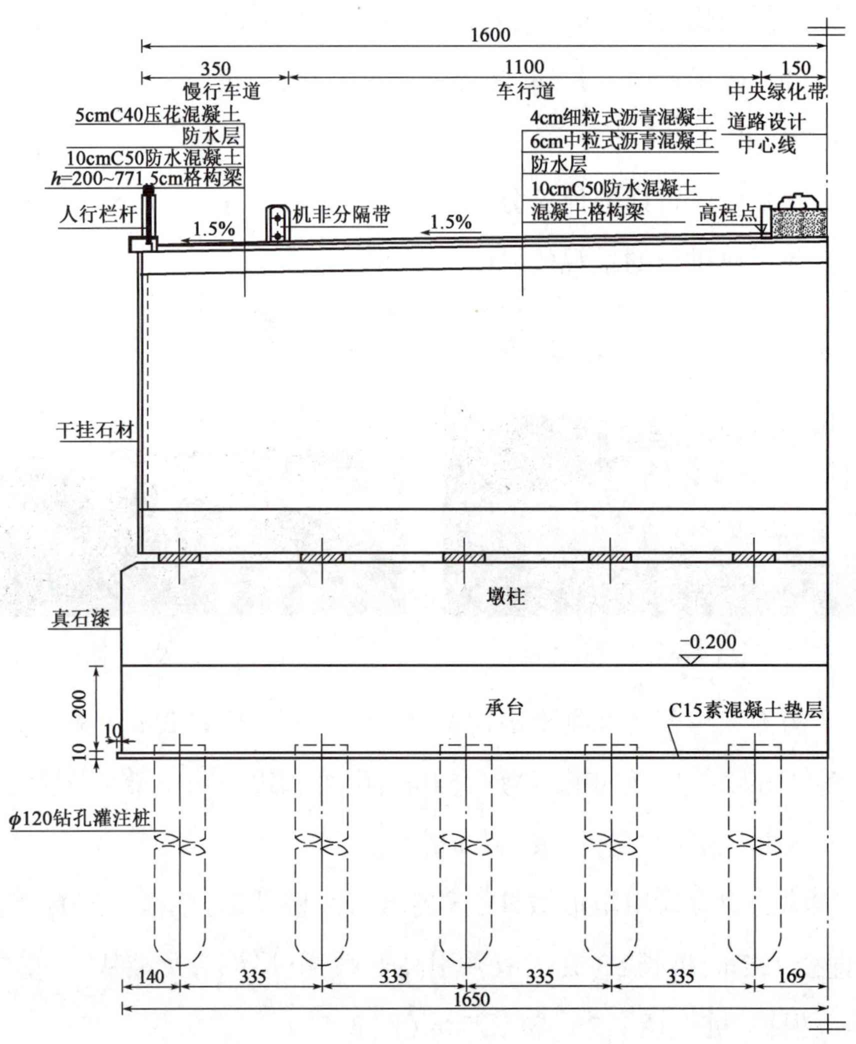

图 3.57　中天大道桥主桥横断面(尺寸单位:cm)

(4)附属工程

护栏:人行道外侧设特色石材栏杆(图 3.60、图 3.61)。

桥梁伸缩装置:采用 80 型伸缩装置。

3.2.4　生态谷跨惠风溪人行桥梁工程

本工程位于中新天津生态城生态谷,上跨惠风溪。

(1)桥梁总体

本工程桥梁跨越惠风溪,为一座人行桥;桥梁总长 60m,面积 660m^2。桥体为

图3.58 中天大道桥引桥外侧的建筑立墙保证了桥梁外观风格的统一

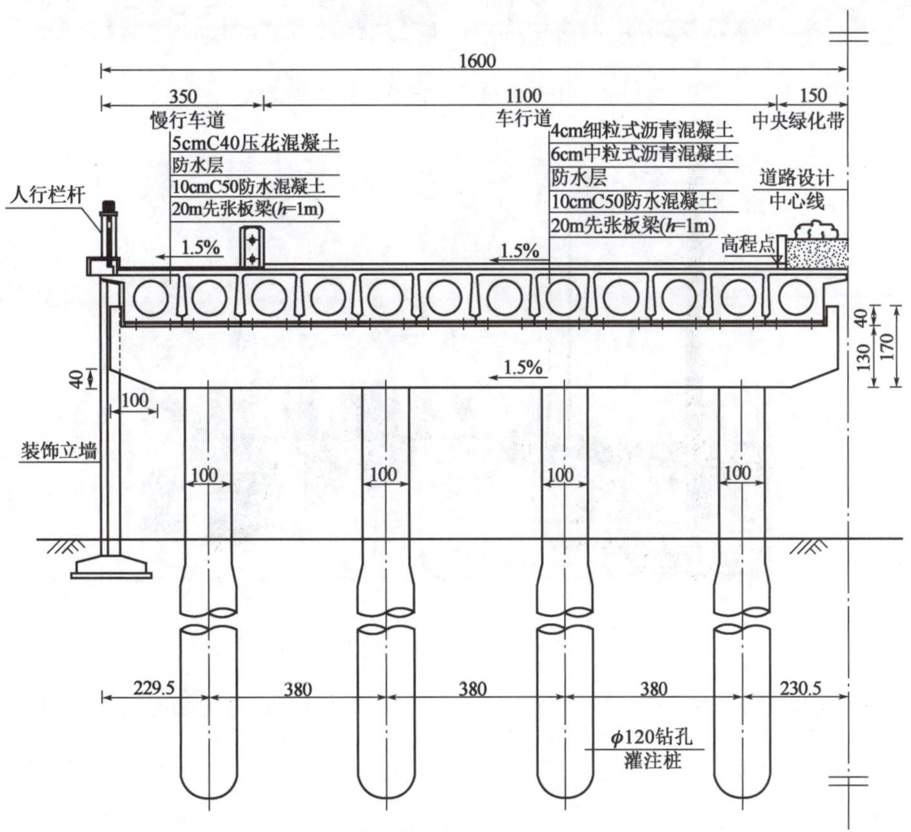

图3.59 中天大道桥引桥横断面(尺寸单位:cm)

异型钢结构,外涂橘红色涂装,亮丽鲜明。桥面为曲面变宽,设置人行步道和绿化,人行道亦为曲线形态,采用塑胶铺装,绿化为植草坪(图3.62)。

图3.60　中天大道桥人行道栏杆及其纹饰

图3.61　中天大道桥人行道与栏杆整体情况

桥梁纵断面布置为桥下净空按高于洪水位2.0m控制,梁底高程≥3.5m。

(2)上部结构

惠风溪人行桥上部结构为连续弧形断面钢箱梁,跨径组合为15m + 30m + 15m,全长60m。钢箱梁平面投影为S形,横向在中墩位置偏移9.075m。

图3.62 人行桥跨越惠风溪总体布置

钢箱梁横断面顶底板均为圆弧形，梁高1.7m，顶面宽10.75m，顶板在结构中心线处比两边低0.5m。钢箱梁横断面设置两道腹板，腹板间距3m（图3.63）。

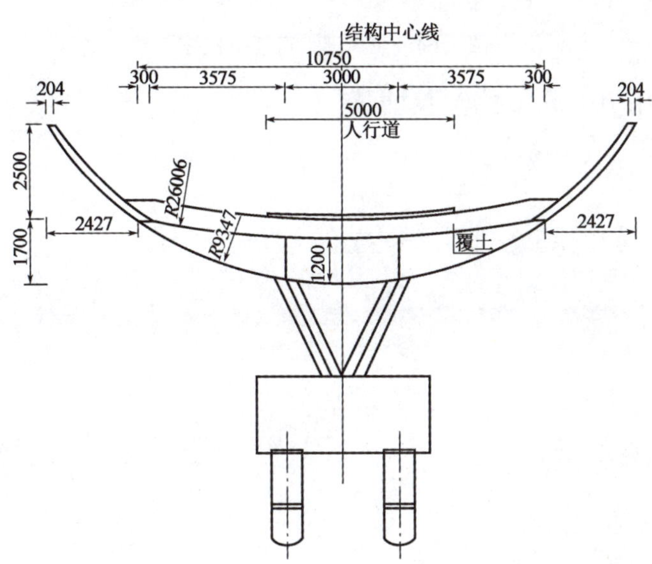

图3.63 惠风溪人行桥梁横断面（尺寸单位：mm）

钢箱梁顶板厚度25mm，底板厚度25mm，腹板厚度25mm，钢材采用Q345D。

（3）下部结构

桥墩采用V形钢立柱，立柱插入混凝土承台中，与承台固接。

桥台采用埋置式轻型桥台。

桥梁基础采用直径 800mm 的钻孔灌注桩。

(4)附属工程

惠风溪人行桥的栏杆与钢箱梁底板外形接顺,为箱梁底板圆弧的延伸。桥梁跨中位置的栏杆高度为 2.5m,栏杆中间部分为镂空设计(图 3.64)。

图 3.64 惠风溪人行桥梁栏杆

桥面铺装采用 10mm 彩色塑胶铺装。

第4篇

排　水

4.1　设计理念

中新天津生态城立足于水质性缺水的现实，以节水为基础，最大限度开发利用雨水、污水、中水、淡化海水等非传统水源，实施分质供水，优化资源配置，建立了水资源循环利用体系，非传统水资源利用基本占到一半，形成了源水、污水、雨水、淡化海水为保障，节水为基础的水资源梯级、循环利用体系，为缓解北方地区缺水做出了积极有效的探索。中新天津生态城水资源循环利用示意如图4.1所示。

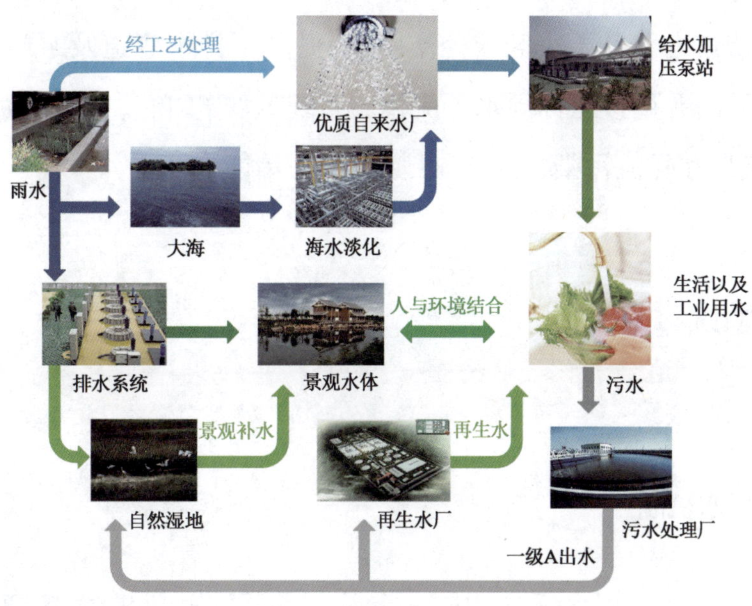

图4.1　中新天津生态城水资源循环利用示意图

4.1.1　联合调配多种水源，提升水资源保障能力

生态城在依赖外调水源的基础上，加强再生水、海水淡化水、雨水资源利用，统一调配本地水、外调水、非常规水源，合理配置生活、生产、生态用水，形成了多水源联合配置格局，保障了经济、社会、环境各类用水需求，全面建成了多种水资

源综合配置、高效利用的体系。

4.1.2 保护修复生态敏感区,提升水环境质量

生态城尽可能维持城市开发前的自然水文特征,保护生态城原有河流、湖泊、湿地等生态敏感区,运用生态手段进行恢复和修复已有水体和其他自然环境,预留了足够可应对较大降雨强度的林地、草地,保障了城市生态空间,增强了城市海绵体功能,保持了水系循环畅通,全面提升了水环境质量。

4.1.3 建设安全排涝体系,提高区域内涝防治能力

生态城在充分利用以雨水渗透、净化、调蓄为主要功能的低影响开发设施的基础上,消纳城市内部及周边区域径流雨水,提高了排水管道及泵站等灰色排水设施的建设标准,并衔接超标雨水径流排放系统,大幅度降低区域径流系数,减少了雨水洪峰流量和径流污染,提高了区域内涝防治能力。

4.2 排水系统设计

4.2.1 排水机制

生态城的排水机制为:在采用雨、污分流制的基础上,同时考虑初期雨水的污染,对初期雨水进行净化处理。

生态城共有六大雨水系统,除生态核区域系统外,其他五个区域分别布置了雨水泵站,将各片区收集的雨水提升排入蓟运河故道,当蓟运河故道水位升高至警戒水位时,利用外排泵站将蓟运河故道中的雨水提升排入蓟运河。生态核区域的雨水通过雨水管道收集后自流排入静湖。五个雨水泵站位置如图4.2所示。

生态城规划五个污水分区,除生态核区域外,每个区域均设有污水提升泵站。

生态核区域污水自流至营城污水处理厂。五个污水泵站位置如图4.3所示。

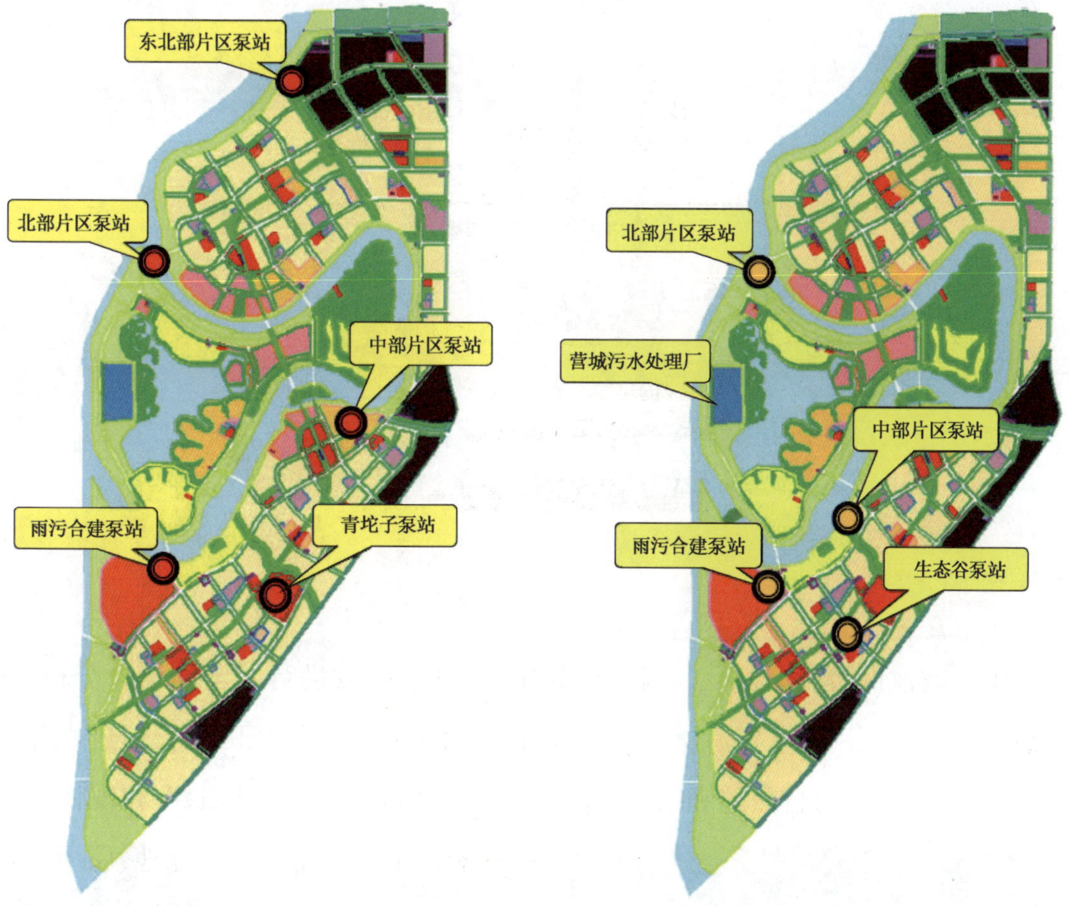

图4.2 中新天津生态城雨水泵站位置示意图

图4.3 中新天津生态城污水泵站位置示意图

4.2.2 基于低影响开发理念的雨水系统设计

中新天津生态城雨水工程规划设计突破传统雨水快速排放的理念，利用各种人工或自然水体对雨水径流实施收集、调蓄、净化和利用，改善了城市水环境和生态环境；在示范区构建了雨水收集、利用系统；通过各种人工或自然渗透设施使雨水渗入地下，补充地下水资源。城市雨水排放体系与城市防洪、排涝体系统一协调考虑，有效降低了雨水径流系数，减少了工程总投资。雨水综合利用，缓解了本地区用水压力，促进了城市水资源和水环境的可持续发展，并考虑了初期雨水对环境的影响。雨水系统流程如图4.4所示。

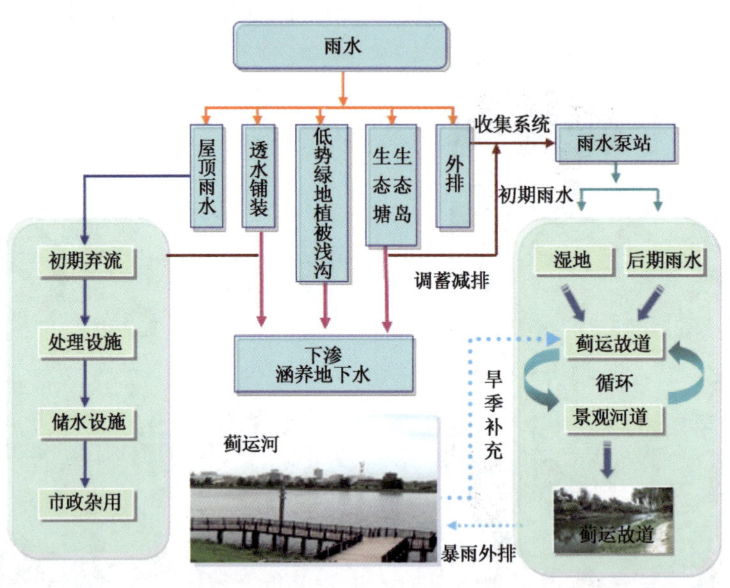

图 4.4　雨水系统流程

生态城建设初期,对雨水的收集、利用、处理和排放进行了全面综合分析,从而最大限度地利用雨水资源,促进水环境的良性循环,发展循环经济,促进水环境的生态化,构建人与自然的和谐,使生态城排水设施有一定的超前性和现代化水平。利用全部道路、广场、绿地、屋面等场地收集雨水,兼顾调峰和蓄滞功能。雨水出口均建设人工湿地,过滤雨水中污染物并降低其含量,雨水净化后,汇入静湖、惠风溪、故道河等水系,作为景观水体补水。景观水体如图 4.5 ~ 图 4.7 所示。

图 4.5　永定洲公园

图 4.6　惠风溪

图 4.7　静湖

4.2.3 基于可持续发展理念的污水系统设计

基于可持续发展理念，在生态城污水系统设计中，减少了管道漏损，保证了出水水质安全，提升了污水再生利用率，实现了污水“稳定化、无害化、资源化”。

生态城内已建有一座10万t/d的营城污水处理厂，远期扩建到15万t/d，可接纳整个生态城的污水，污水处理厂的处理建设模式为集中处理建设模式。污水处理厂出水用途：5万t/d作为生态用水，其余污水处理厂出水作为规划再生水厂水源，经再生水厂处理后的再生水主要用作区内道路浇洒用水、绿化用水、公建用水、工业用水、仓储及混合用地用水等。污水系统流程如图4.8所示。

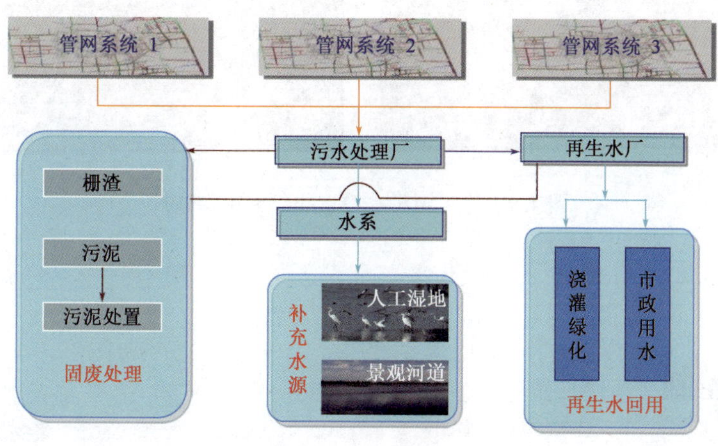

图4.8 污水系统流程

4.2.4 基于全生命周期管理的管道建设

对生态城道路路基处理、管线开挖回填、绿化回填、地块开发之间的衔接统一考虑，系统设计。在充分了解管道位置、管道数量、管道埋深的基础上，考虑管线开槽与路基开槽的关系，统一进行管线开槽与路基开槽；在充分确定绿化排盐层位置的基础上，按照要求回填管槽基础，埋设管道，回填管顶至路槽底，然后统一进行路基处理，避免对路基的重复开挖。专项综合地基处理如第2篇图2.53所示。

生态城体现“以人为本”的设计理念，避免机动车道上出现井盖，提升了车辆行驶舒适度，同时减少了排水井盖、井篦的损坏，排水管道均敷设在慢行系统下，并采用隐形井盖。隐形井盖与周围环境和谐地融为一体，根据不同的环境，隐形井盖内的填充材料与周边铺装一致，使整个井盖面积的95%与周围环境相同，从而达到隐形的目的。隐形井盖的实际效果如图4.9所示。

图4.9　隐形雨污水检查井盖实际效果图

4.3　污染控制

4.3.1　径流污染的源头消纳

雨水口不仅是雨水系统的收水口，也是径流污染物的进入口，在雨水口对污染物进行消纳对整个雨水系统具有重大意义。生态城的市政道路雨水口采用暗装形式，即雨水口位于侧分带内，道路侧石开孔用以收水，雨水口上盖预制盖板，保持与周围地面齐平，其上再放置花盆、造景等景观设施，保证环境美观，与周边景物协调、和谐。

在生态城范围内，雨水口在侧石开口处设有立箅，雨水口中设有截污挂篮。道路侧石处的立箅和暗装雨水口的平箅主要拦截石块、塑料袋、落叶等较大污染物,截污挂篮拦截较小的污染物。通过对不同粒径污染物的拦截,从源头消纳径流污染。雨水口如图4.10所示。

图4.10 雨水口

4.3.2 管道漏损的过程控制

为控制在运输过程中因管道漏损造成的污染,在设计时针对软土地区等不利地基条件,对生态城的管道基础进行了处理,管井连接进行加固,减少了不均匀沉降,从而防止管道开裂。

在混凝土砌块检查井内,增设PE半井内衬。部件采用热塑性塑料一次注塑而成,其耐腐蚀、耐酸碱、使用寿命长。优越的水密性,杜绝了污水渗漏、泄漏,防止了对地下水的二次污染。PE半井内衬内壁光滑流畅,设有导流槽,污物不易滞留,降低了堵塞的可能,PE半井现场照片如图4.11所示。

图4.11 PE半井现场照片

设计中,按每个井的井底高程、检查井上下游管道的管径,并考虑0.5m的保护高度,逐一确定PE半井内衬的高度、PE半井连接管的规格、高程。

为防止检查井漏水,在PE半井内衬顶部,沿混凝土砌块,井内壁用双组分聚硫密封膏勾缝。

检查井井壁与PE半井连接管之间用微膨胀橡胶密封圈作为中介层,以应对不均匀沉降。PE半井设计详图如图4.12所示。

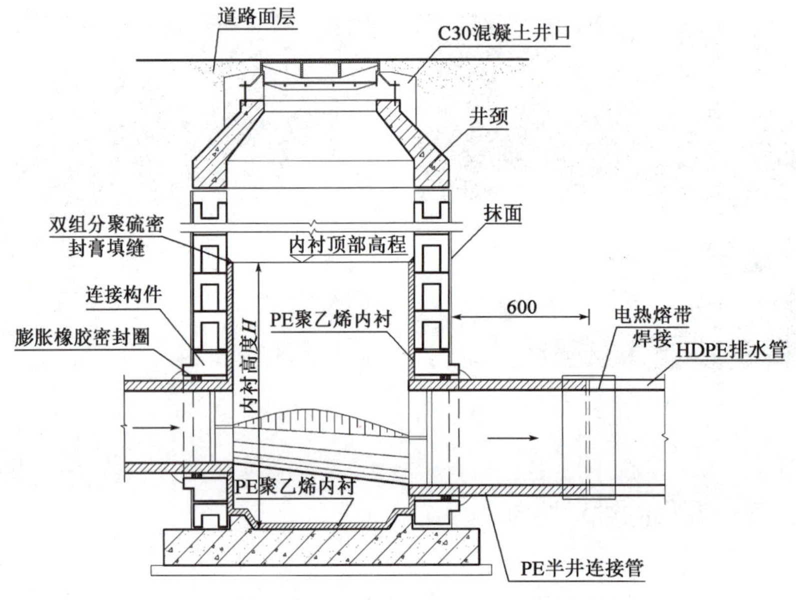

图4.12　PE半井设计详图(尺寸单位:cm)

4.3.3 “分散-集中耦合式”末端治理

在生态城范围内,对于雨水散排道路采用分散式雨水处理设备,所有排水出路均为湿地,行成“分散-集中耦合式”末端处理模式。

雨水散排道路的车行道两侧绿化带均设计成下凹式绿地,车行道内雨水通过分段设置的开口路缘石汇集进入收水井。收水井内设置截流设施。截留设施由下至上设置3种泄水孔:底层为初期雨水截留孔,孔径较小,对初期雨水中的污染物进行截留,截留后的雨水可以排入市政污水管道;中层为处理雨水分流孔,在降雨初期过后,截留设施中的水位上升,污染负荷较低的雨水通过分流孔排出,进入后续净化工艺进行处理;上层为过量雨水溢流孔,当雨水量过大,分流孔泄水量不足时,过量雨水通过溢流孔排入市政雨水管道。

经分流孔的雨水经过碎石层过滤,一部分通过渗透作用补充地下水,另一部分通过盲管进入沉淀井沉淀,去除部分总悬颗粒物(SS)。沉淀后的水经过管道至缓冲排放口,缓冲排放口由少量卵石堆积而成,处理后的雨水通过卵石,以地表漫流形式进入水体。分散处理流程如图4.13所示。缓冲排放口现场如图4.14所示。

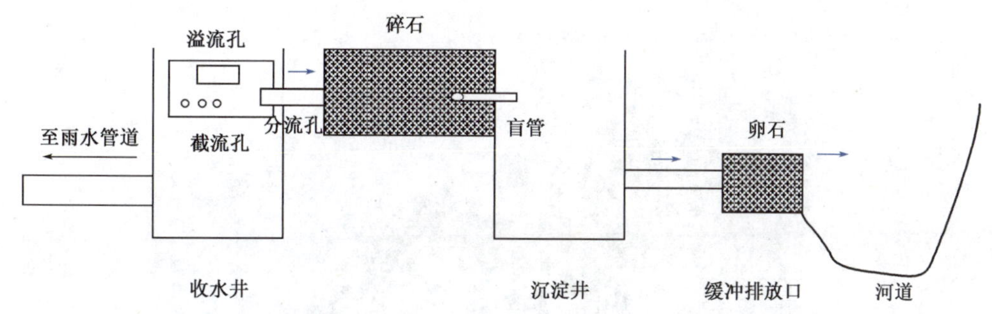

图4.13 分散处理流程

初期雨水经散排或泵站提升后排入湿地,通过湿地处理,实现污染物的降解,有效减少了初期降水对区域内水系的污染。同时,由于初期雨水中含有大量有机物,为湿地内植被提供了充足的养料,提升了湿地的景观效果。建设中的雨水出水口如图4.15所示。

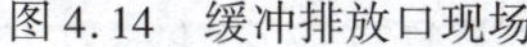
图4.14 缓冲排放口现场

图4.15 建设中的雨水出水口

采用人工湿地对初期雨水进行净化处理,不仅实现了污染物排放的控制与污染物降解,同时还能提升区域内整体景观效果,并通过建设湿地公园,为区域内居民提供休闲、娱乐等场所。湿地布置图如图4.16所示。

在生态城范围内利用人工湿地处理初期雨水污染具有多项技术优势。首先,生态城水系众多、地势平坦,且环境适宜人工湿地内维管束植物的生长,人工湿地可利用现状溪流、坑洼、河汊等进一步开发,无须占用其他土地,节约用地;其次,人工湿地管理简单,使用的设备较少,运行安全可靠,占用人力物力较少,运行维护成本低廉。改造后湿地的景观效果如图4.17所示。

图4.16 湿地布置图

图4.17 改造后湿地的景观效果

人工湿地的主要运行方式为初期雨水通过泵站提升进入湿地,在湿地起端设置沉淀池,使雨水中的悬浮物得到一定去除,减少湿地内的泥沙淤积。出水利用水力作用,经复合垂直潜流湿地、水平潜流湿地以及表面流湿地的生物净化作用,实现湿地内不同区块的厌氧好氧交替作用,有效降低初期雨水的生化需氧量(BOD)、氨氮、总磷等主要污染物含量,并进一步对初期雨水的悬浮物进行去除。经净化的初期雨水经出水口与区域内主体水系相连,实现排放。

4.4　案例分析

4.4.1　截污挂篮

生态城在海绵化提升改造的工程中，充分依据海绵城市所要求的“渗、滞、蓄、净、用、排”六字方针，进行科学建设，并结合现状设施的具体情况，加以合理改造。为了进一步减少降雨径流污染、防治城市黑臭水体、提高城区水体环境质量，并积极探索海绵城市建设中的新方法、新技术，积累海绵城市管理相关经验，将现状普通雨水口改造为环保型雨水口，提高了雨水口的截污、控污能力，实现了污染物源头削减。

工程范围：中新大道以东、中央大道以西、惠风溪以南、永定州公园以北。包括以下城市道路：和韵路、和畅路、中天大道、和睦路、和惠路、中津大道、和风路、和旭路、中生大道、和顺路、和意路。改造工程主要为雨水工程，涵盖道路范围内全部市政雨水口，总计1882座。工程位置示意见图4.18。

实施方案设计时，对截污挂篮的形式、材质、结构、安装方式等进行了方案比选，同时兼顾雨水过流量、截污效率、清掏便捷等方面，力求做到科学合理、工艺创新、节能降耗。

雨水口海绵化改造采用增设截污挂篮的方式，截污挂篮采用不锈钢材质，结构形式为截留-溢流结合式，如图4.19所示。截污挂篮包括A、B两部分，通过铰链进行连接。截污挂篮结构如图4.19所示。

挂篮A：水平截面呈矩形，由上至下逐渐收缩，上沿保持水平，底面倾斜为斜面，整体结构由金属框架构成。顶部区域为溢流区，侧壁开有溢流口，便于过量雨水的溢流，溢流口的开孔尺寸不小于雨水箅子的开孔尺寸，防止溢流口堵塞失效；根据实验测试，溢流区的过流能力不低于现状雨水箅子的过流能力，增设截污挂篮后,在发生溢流时,雨水口整体过流能力不会下降,从而保证了排水的安全性。底部区域为截留区,侧壁及底面采用开孔金属板,孔径采用8mm,截留垃圾、杂物等,保留一定过流能力。挂篮A底面倾斜,截留的污染物沉积于底面较低一侧,未沉积污染物的较高一侧保留自身过流能力。

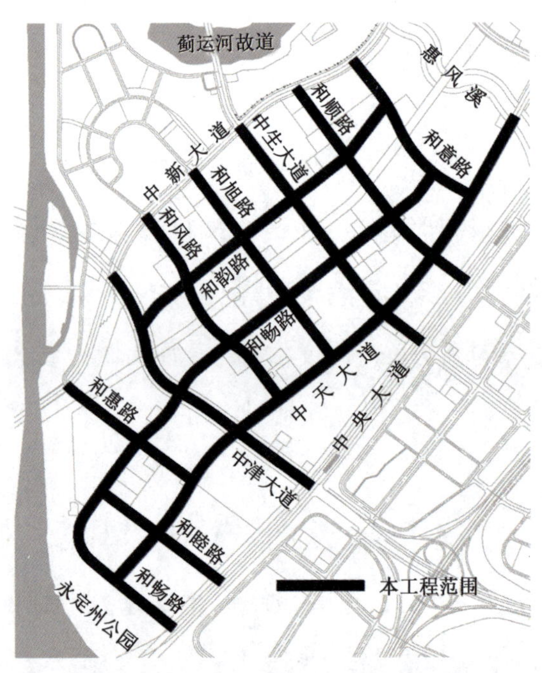

图4.18　工程位置示意图

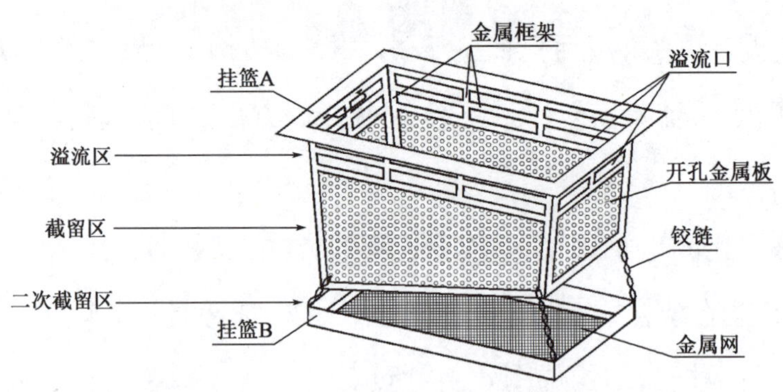

图4.19　截污挂篮结构示意图

挂篮B:整体呈长方体形状,水平悬挂,外圈结构由金属框架构成,底面采用金属网,截留小尺寸的杂物、颗粒物。挂篮A、B间留有一定间隔,可作为挂篮B的溢流区。下部挂篮的水平截面尺寸大于上部挂篮底面的水平投影尺寸,当雨水沿上部挂篮侧壁流下时,可以沿流动方向落入下部挂篮,实现二次截留。

截污挂篮整体水平截面尺寸均小于雨水口井体内尺寸,并与井体内壁保持一定间距,便于过量雨水由四周流下。

考虑到拆装、清理等维护工作的便捷,应避免采用永久性固定安装方式,而应当采用挂钩悬挂、搭接悬挂等安装形式。由于现状雨水口井体形状规整、尺寸一致,且雨水箅子、井圈较为完好,因此,可以充分利用现有箅子、井圈,采取搭接悬挂的形式,具体为:截污挂篮上沿尺寸向外扩大,大于井体内尺寸,并小于雨水箅子尺寸,当截污挂篮放置于雨水口内时,挂篮上沿搭接于井箅支座(即井圈),然后盖上雨水箅子,如图 4.20 所示。截污挂篮现场照片如图 4.21 所示。

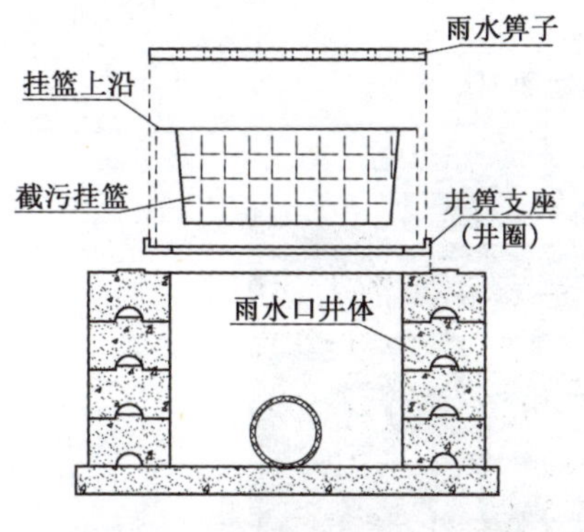

图 4.20 截污挂篮安装示意图

图 4.21 截污挂篮现场照片

4.4.2 华五路海绵城市

华五路海绵城市排水系统利用中央分隔带新建下凹式绿地,并设置透水路面等雨水收集、存储设施,雨水经透水路面渗透后以及下凹式绿地的滞留、调蓄和渗透作用后,超标雨水通过溢流井与传统雨水系统沟通,实现雨水的溢流排放和错流排放。

华五路标准段排水系统流程如图 4.22 所示,道路横断面图如图 4.23 所示,现场照片如图 4.24 所示。

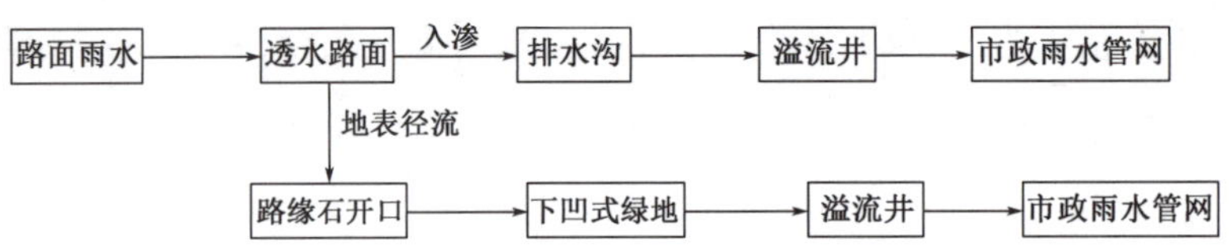

图 4.22　华五路标准段排水系统流程

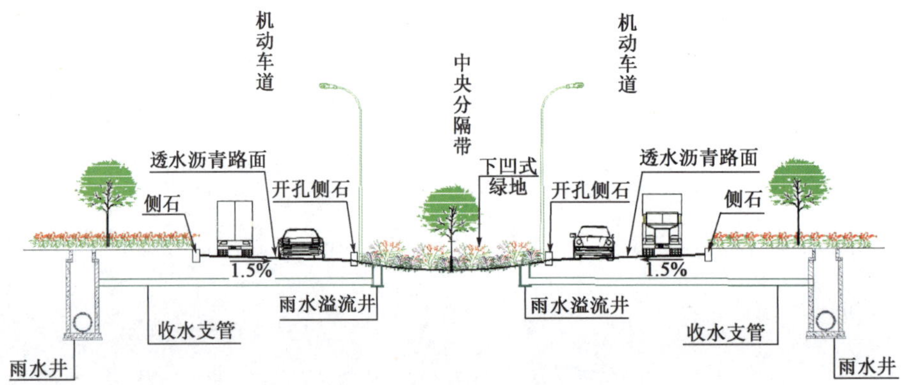

图 4.23　华五路道路横断面图

图 4.24　华五路现场照片

第5篇

泵　站

针对中新天津生态城的建设规划特点，结合实际情况，生态城在泵站设计方面也有所创新和突破，使之能够与其地域特点相适应。尤其是在泵站的节能环保、智能控制等方面，在绿色低碳的基础上，充分做到了智能便利、以人为本。无论是在泵站的运行稳定性方面，还是在节能环保方面，泵站的设计和建设都体现出了长足的进步。

5.1 设计理念

生态城泵站的设计理念为：尊重规划，合理优化，在满足功能和安全的前提下，体现"生态、环保、节能、宜居、和谐"的设计理念，同时为生态城实现数字化管理创造条件。

为努力打造"资源节约型、环境友好型"宜居示范新城，达到"能实行、能复制、能推广"的目的，结合中新天津生态城自身的特点，提出以下设计思路：

(1)充分理解规划意图，以生态城指标体系为导引，建立系统化设计的思路；

(2)遵循经济节能，突出优化配置与循环利用，构建资源节约型、环境友好型社会的思路；

(3)近远期结合，实现整体性、实用性和前瞻性相统一的思路；

(4)总结借鉴，遵循提倡设计创新、提升设计理念的思路；

(5)贯彻过程相协调、专业相衔接、区域相融合的思路；

(6)坚持以人为本，树立全面、协调、可持续的科学发展观，突出"生态、环保、节能、自然、宜居、和谐"的思路。

5.2 运用 CFD 模拟的泵站池体优化设计

5.2.1 CFD 模拟的优势

计算流体动力学(CFD)模拟是一项复杂的计算机设计和分析技术。借助 CFD 模拟,可以建立针对所要研究系统或设备的计算模型,然后应用流体方程预测流畅程度和相关物理现象。一般来说,可以利用 CFD 模拟紊流、热量和质量传递、多相流、化学反应、边界层的相互作用及声音。

计算机 CFD 模拟可以帮助设计人员更好地进行泵站水力设计。通过计算机 CFD 模拟,可以评估现有泵站或新建泵站中的入流条件,还可以开发改进方案或设计备选方案。CFD 分析所需的时间和成本通常远低于物理建模所需的时间和成本。一般来说,可以借助 CFD 模拟生成更智能的解决方案和优化的泵站设计方案。这些改进不仅可以降低泵站成本,还可以减少泵站土建施工和运行的相关风险。

对新建泵站而言,在设计阶段进行 CFD 模拟,可以杜绝绝大多数可能出现的问题。

设计泵站时,CFD 模拟可以辅助泵站建设,实现成本的降低。一方面,可以将泵站设计成尽可能小而实用,最大幅度降低成本。另一方面,通过分析运行条件并提供最佳的运行方案,可以将能耗降至最低。此外,还可以分析沉积或浮渣的问题,从而省去或尽量降低清理和维护的成本。

5.2.2 CFD 模拟的应用

1)几何建模

几何建模是采用计算机软件,按照 1:1 的比例创建泵站的 3D 模型,然后再进行相关分析和应用,如图 5.1 所示。

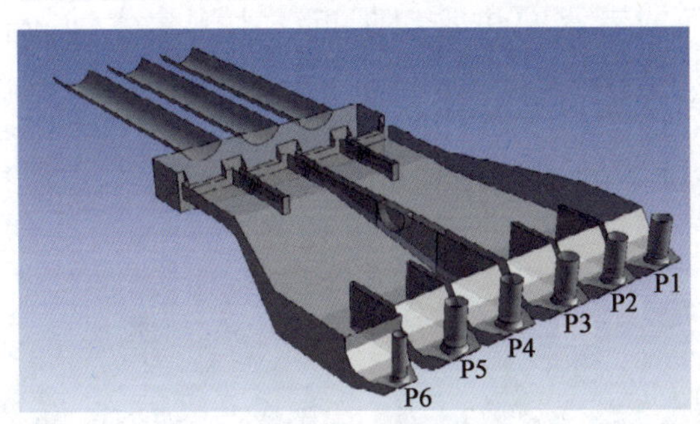

图5.1 雨水泵站3D模型

2)对水泵运行不利的水力现象的分析

泵站的水流状态会影响水泵的运行状况及性能,进而影响水泵的寿命、效率以及到泵站的运行成本。水泵运行中的三个主要不利水力现象为:水泵吸入口处预旋、水泵吸入口处的速度分布不均匀以及旋涡,通过对这三个不利水力现象的分析,可以分析泵站设计的合理性。

(1)水泵吸入口处预旋

水泵吸入口处的预旋通常是由进水渠中的速度分布不对称引起的。一般的预旋仅会减少或者提高一个水泵的扬程。然而,大预旋会打乱水泵叶轮的入流,从而导致严重的后果,可能引起水泵的工作点超出允许的范围、电机过载、噪声和振动,最终导致机械故障。目前,比较常见的解决办法是利用物理学模型中的涡流角表征吸入口预旋进行分析,美国水力协会要求最大涡流角允许值为5°,最大涡流角峰值为7°。通过计算水泵吸入口平面的平均涡流角,得出平均涡流角均低于限值。

(2)水泵吸入口处的速度分布不均匀

水泵运行优化还需要使围绕叶轮的速度分布近乎均匀。显著的非均匀流将降低水泵效率,并且在水泵叶轮上引起荷载震动。美国水力协会要求水泵吸入口轴向速度分量平均值的偏差应不超过10%。通过计算水泵吸入口平面轴向速度分量平均值偏差的最大值,得出轴向速度分量平均值偏差的最大值均低于限值。

(3)旋涡

泵站设计时,需要考虑在水泵吸入口附近产生旋涡的问题。旋涡进入水泵可能降低水泵水力效率,严重时会缩短轴承和密封件的寿命。在泵坑中,旋涡通常发生在水面、泵坑地面或者水泵进水口附近。由于集水池较长且水泵底部装有防旋板，进水池的不均匀水流没有在水泵吸入口形成旋涡。

不同水泵运行条件下的流场模拟如图5.2所示。

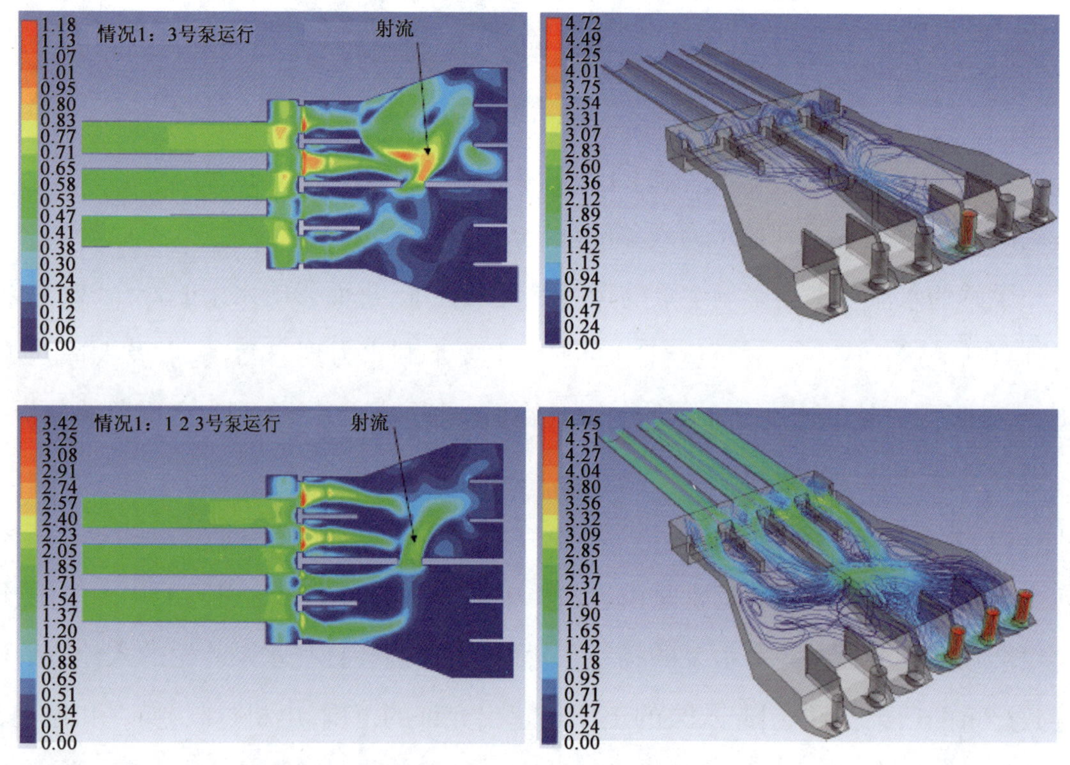

图5.2　不同水泵运行条件下的流场模拟

5.3　防止流域污染的泵站设计

海绵城市的建设，体现了新一代城市雨洪管理理念。所谓海绵城市，是指城市在适应环境变化和应对雨水带来的自然灾害等方面具有良好的“弹性”，也可称之为“水弹性城市”，国际上的通用术语为“低影响开发雨水系统”。下雨时吸水、蓄水、渗水、净水，需要时将蓄存的水“释放”并加以利用。中新天津生态城地区雨水泵站设计时就是依据“低影响开发雨水系统”理念，结合地方特点，因地制宜进行设计的。

2014 年 10 月，为贯彻落实习近平总书记讲话及中央城镇化工作会议精神，大力推进建设自然积存、自然渗透、自然净化的“海绵城市”，节约水资源，保护和改善城市生态环境，促进生态文明建设，依据《城镇排水与污水处理条例》《国务院办公厅关于做好城市排水防涝设施建设工作的通知》（国办发〔2013〕23 号）、《国务院关于加强城市基础设施建设的意见》（国发〔2013〕36 号）等国家法规政策，并与《城市排水工程规划规范》（GB 50318—2017）、《室外排水设计规范》（GB 50014—2006）、《绿色建筑评价标准》（GB/T 50378—2014）等国家标准规范有效衔接，编制了《海绵城市建设技术指南（试行）》（以下简称《指南》）。

中新天津生态城海绵城市建设起步较早。在建设之初，由于当时尚未提出海绵城市理念，生态城以“低影响开发雨水系统构建”为指导思想，对生态城范围内的泵站进行设计实施。2014 年 10 月《海绵城市建设技术指南（试行）》颁布后，生态城范围内的泵站按照《指南》要求进行设计实施，同时对已实施的泵站进行改造。

中新天津生态城地区雨水泵站设计充分结合地方特色，在设计思想的指导下对工艺流程进行优化。相比于传统雨水泵站，中新天津生态城地区的雨水泵站以节水为核心，以调蓄为手段，以湿地的滞留处理、绿地的入渗为辅助，开展雨水、污水综合利用，建立一套生态、环保、符合可持续发展要求的水生态循环利用系统，进而实现水资源的优化配置和循环利用。针对这一设计思想，雨水泵站体现出了其不可或缺的分流作用。

5.3.1 减少初期降水对流域的污染

早在中新天津生态城建设之初，结合各地雨洪管理经验及各研究机构的研究成果，意识到初期雨水污染对区域内水体的污染巨大且治理困难。结合“低影响开发雨水系统构建”的指导思想，对初期降水进行收集处理，达标后再行排放。2014 年后，随着国家《海绵城市建设技术指南（试行）》的发布，依据《指南》，进一步对初期降水处理进行优化。

对于较小的降水量或初期降雨，雨水经过降水过程形成地面径流，汇水至各个道路雨水井中。由于降雨初期雨水溶解了空气中的大量酸性气体、汽车尾气、工厂废气等污染性气体，降落地面后，又由于冲刷沥青油毡屋面、沥青混凝土道路、建筑工地等，使得前期雨水中含有大量的有机物、病原体、重金属、油脂、悬浮固体等污染物质。因此，前期雨水的污染程度较高，不宜直接排入受纳水体，会造成水体的污染，影响水体水质与水体利用。但相比于污水而言，这一类降水的水质较好，短期水量较大，不适合汇入污水管道进入污水处理厂进行集中处理，会增加污水处理厂处理负担，且这种短期的水质变化对于污水处理厂的正常运行也会造成影响。综合考虑各种因素，初期雨水进入雨水管道后，汇流至雨水泵站，通过泵站的提升，先排入人工湿地，通过湿地的净化处理，使初期雨水中的污染物得到处理，并最终排入受纳水体，保护受纳水体不被污染。此外，这种分流处理对于泵站内未排除的陈水也能有效处理，在降雨初期将泵站内陈水提升排入人工湿地，解决了陈水水质较差、排入受纳水体的污染问题。初期雨水排水流程如图5.3所示。

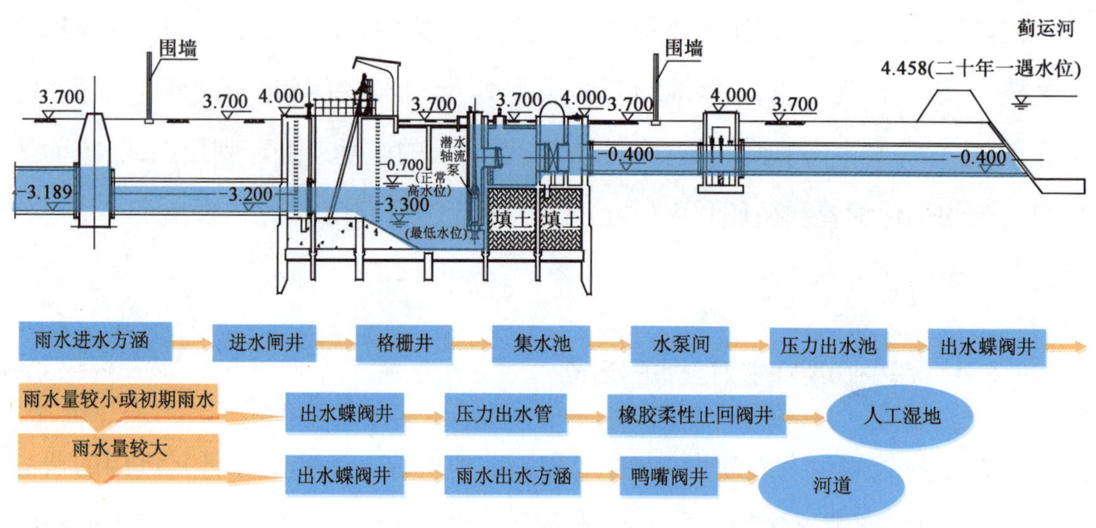

图5.3　初期雨水排水流程

对于较大降雨，雨水经过地面径流进入雨水管道，由雨水管道进入雨水泵站，经过泵站的提升作用将雨水排入河道中。当河道水位升高至警戒水位1.500m(大沽高程)时，利用外排泵站将河道中的雨水提升排入蓟运河。由于泵站在降雨初期采用了排空、分流等措施,泵站集水池起到了一定的调蓄作用,同时减少了河道在降雨过程中的负荷,保证了降雨的及时排除。

5.3.2 减少管道死水对流域污染

受降雨季节性、间歇性影响,雨水泵站的运行是间歇进行的。在降雨时,雨水经地面收水系统收集后,排入雨水管道,并经雨水管道汇流至雨水泵站,最终经泵站排放。而降雨过后,雨水管道内的存水会受坡度的作用,自流进入雨水泵池。同时,管道周边的地下水会沿管道接口缓慢渗入,虽然流量较小,但排水间歇,尤其是非雨季的排水间歇,渗入地下水总量依旧不容忽视。这些水进入雨水泵站后,会在泵站前池形成死水,且随着泵池中存水的不断蒸发、水体中微生物的不断生长,导致池体内水质不断恶化。

此外,冬季降雪后的积雪融水也会经管道排入泵站池体,积雪融水在地表径流过程中,会携带走大量地表污染物,使水质恶化。并且非雨季时雨水口会落入大量垃圾及灰尘,会随积雪融水带入泵池,进一步使水体恶化。

泵池积水不仅感官差,其水质也远不如雨水,甚至与初期雨水相比,泵池积水的水质仍低于初期雨水,其与污水水质相似。如果泵池积水随降水排入水体,势必会对水体造成严重污染。而如果将泵池积水随初期降水排入湿地,则会增加湿地的处理负担。

综合考虑,对于这一部分积水单独设置潜污泵进行排除,将积水提升排入污水管道,一并汇入污水处理厂进行处理。降雨前,通过预装的潜污泵,将泵池内的积水提升至污水管道(图5.4),对泵池进行清空,增大了泵池的调节容积。此外,在发生其他事故时,如消防废水流入雨水管道,或某些水质较差的污废水误排或溢流至雨水管道,也可以利用泵池内预装的潜污泵将污废水提升至污水管道,以进一步保证流域水的安全性。

图5.4 降雨前泵池积水排水流程

总体而言,泵站内排水大致分为三部分。一是降雨前,泵池内的积水通过潜污泵提升,排入污水管道,最终进入污水处理厂集中处理;二是降雨开始后,管道汇集来的初期雨水通过初期雨水泵提升,排入人工湿地,经湿地的净化处理后,流入下游水体;三是当降雨量增大,初期雨水排除殆尽,流入泵站的雨水水质变好时,随水位的高度,开启雨水排涝泵,及时将雨水排入河道,防止内涝发生。

5.4 生态和谐、景观怡人的泵站

生态城区域内现状三分之一是废弃盐田,三分之一是盐碱荒地,三分之一是有污染的水面,土地盐渍化严重。生态城建设以不占耕地、集约利用水资源为原则,在这样一个资源约束条件下建设生态城,景观设计不仅要考虑视觉美感,更重要的是因地制宜地建设生态和谐的泵站。

生态城致力于建设成为集生态环保、节能减排、绿色建筑、循环经济等于一体的技术创新和应用推广的综合性平台,国家级生态环保培训推广中心,现代高科技生态型产业基地,“资源节约型、环境友好型”宜居示范新城,参与国际生态环境建设的交流展示窗口。因而景观设计具有“超前”“示范”“可复制”的特点。

5.4.1 景观融洽的建筑设计

生态城泵站的建筑设计以绿色建筑设计为理念,通过建筑节能、建筑节地、建筑节水、建筑节材和保护环境的“四节一环保”设计原则进行设计,达到了《中新天津生态城绿色建筑评价标准》的绿色建筑要求。

生态城泵站与周边建筑风格紧密结合,采用园林式设计理念,强调景观的一致性,能有效与周围建筑融为一体。利用泵池与管理用房分开建设的特点,以树、亭、园等元素点缀地下泵池设计,提升整体景观效果,如图 5.5 所示。

对于突出地面的格栅、闸井等部位,采用遮盖装饰处理,既保证了整体的美观效果,又能有效隔离这些部分散发的异味,在景观、环境上都有很好的效果。同时,避免了雨水对设备的冲刷腐蚀,延长了设备寿命,如图5.6和图5.7所示。

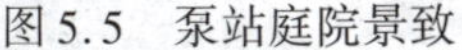
图5.5 泵站庭院景致

图5.6 出水闸井

附属用房设计方面,各个泵站的附属用房均以周边景观为设计背景,以风格设计一体化为原则,分别采用复古的挑檐设计、现代简约设计等设计风格,形成一个个建筑设计小品,虽小犹精,别具一格,如图5.8~图5.10所示。

图5.7 格栅及泵池

图5.8 青坨子泵站附属用房

图5.9 生态谷泵站附属用房

图5.10 合建泵站附属用房

同时在建筑外侧采用景观灯光补充了夜间的建筑景致，远观泵站，以周边住宅点点灯火为底，以周边道路条条灯带为饰，浑然一体，大气而温馨，如图 5.11、图 5.12 所示。

图 5.11　青坨子泵站夜景

图 5.12　生态谷泵站夜景

5.4.2　因地制宜的绿化设计

对于泵站内植物的选取，经多方论证，并充分调查周边植被情况，最终决定选择适合项目用地土壤、气候特点的当地植物。主要采用的耐盐碱类乔木为西府海棠、国槐、合欢、凌霄、扶芳藤等；主要采用的耐盐碱类灌木为沙地柏、月季、紫叶小檗等。

通过不同品种植物的结合，从视觉效果上实现了春华秋叶的时空变换效果。同时采用灌乔木结合，实现了层次上的丰富效果，如图 5.13 所示。

图 5.13　景观绿化效果

5.5 可实现无人值守的泵站信息化管理系统

5.5.1 泵站信息化管理系统的优势

市政基础设施建设是一切建设项目的基础,市政排水系统的运行更是直接影响环境与民生。生态城内泵站数量多、布局分散,为切实保障排水系统的安全可靠运行,有必要建立一套具有较强的应急指挥、危机处理功能的管理系统,追求泵站运行自动化、维护简单化、使用合理化、管理智能化、运营经济化,做到无人值守,也符合生态城以人为本、绿色节能及数字化城市的建设需求。

传统泵站管理依靠大量人工,每个泵站内设置若干现场工作人员,正常情况下,通过站内控制系统预设的参数完成简单的自动控制。当需要根据统一调度调整设备运行情况时,由泵站综合管理部门下达调度通知,由泵站内现场工作人员执行,现场工作人员周期性地上交现场运行报告。这种管理模式宏观调度能力不足、应急指挥能力欠缺、上下层信息传递滞后、人力资源浪费。信息化管理系统则优点突出,有效解决了相应问题。信息化管理系统是集计算机技术、控制技术、网络技术、通信技术、视音频等多媒体处理技术为一体的综合智能化系统,可实现自动的数据采集、传输及设备控制,可由控制中心实时远程监控泵站现场设备,获取现场视频信息,自动形成数据报表,智能分析数据,优化控制方案,这种管理模式在宏观调度、应急指挥及减少人力投入等方面都大大优于传统的依靠人工管理的模式。

5.5.2 泵站信息化管理系统技术要点

(1)泵站信息化管理系统结构

中新天津生态城泵站综合管理系统采用 SCADA 系统形式,系统构架基本包括控制中心层、泵站层、终端层,如图 5.14 所示。

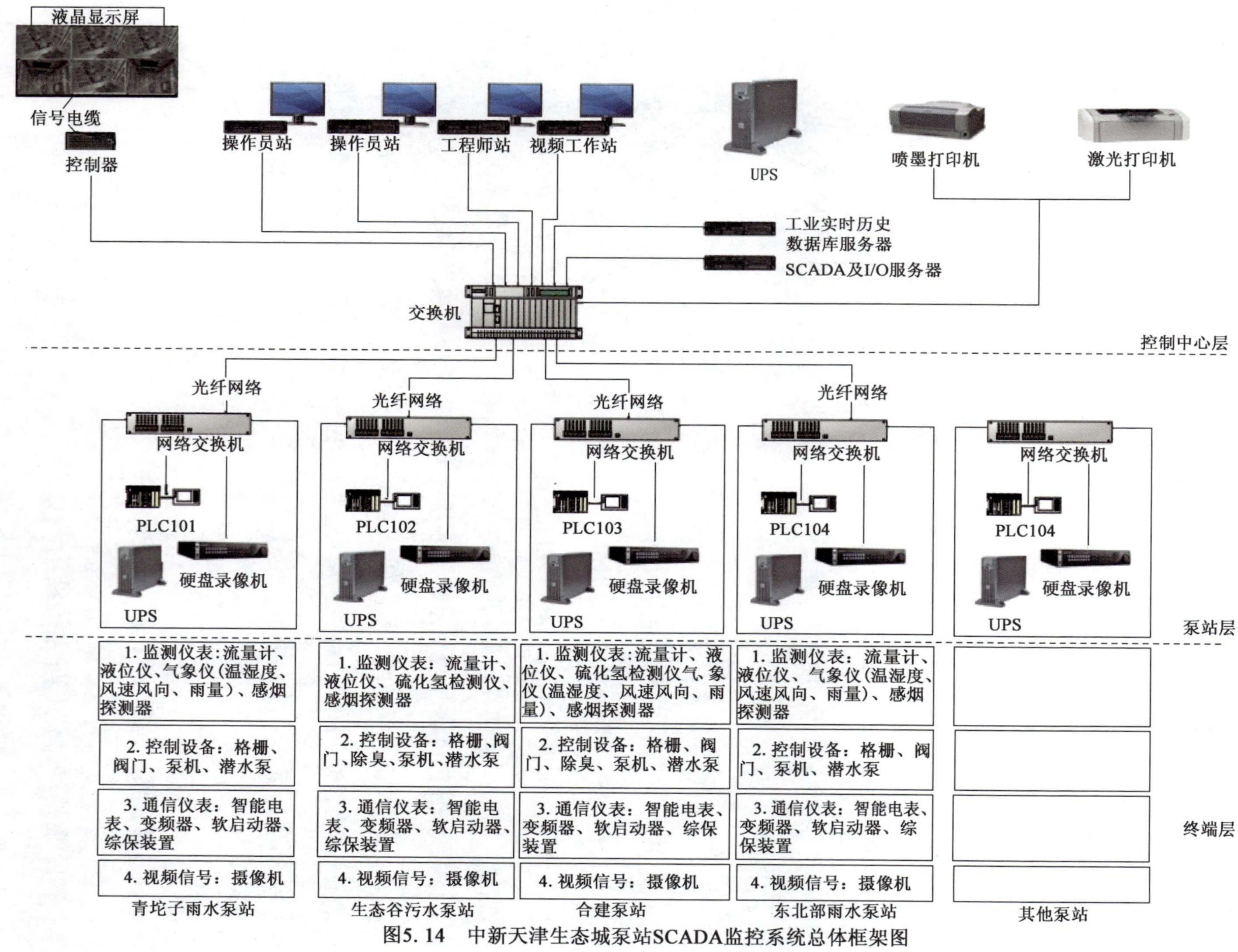

图5.14　中新天津生态城泵站SCADA监控系统总体框架图

控制中心为系统决策层,接收区域内所有泵站的工艺参数、电气参数、视频信息、安防信息等,与城市综合管理系统建立联系、交换信息,结合 GIS 系统等,综合分析排水系统工况,做出决策并下达指令或远程直接控制,同时可作为城市防洪应急指挥中心。监控中心可实现应急指挥、危机处理、流域调度、资源及信息共享、远程智能控制、视频会议等功能,对生态城内所有泵站进行集控。

泵站级监控系统能采集并上传站内工艺参数、电气参数、视频信息、安防信息等,根据站内控制器预设控制参数实现站内设备自动运行,可接收控制中心调度指令或由中心远程操作指令直接实现现场设备控制。

信息链路传输系统为连接各控制中心和泵站之间传输数据信息的通信系统。

(2)泵站信息化管理系统功能

泵站信息化管理系统不仅仅是软硬件设备的简单搭建,而且可实现对泵站科学、人性、高效的管理,服务于人、服务于环境才是其核心内容。泵站信息化管理系统核心功能包括:

①泵站运行调度系统。泵站运行调度系统根据采集的现场数据,结合城市综合管理数据、GIS 系统等,对历史数据智能分析总结,提出优化合理的调度方案。

应急指挥时,及时调取各种数据,灵活进行人工干预,调整系统设置。

②泵站监控系统。泵站监控系统可实现现场设备自动监控、监控中心远程监控等各种监控方式。常规情况下,现场设备自动监控可通过泵站内由 PLC、智能化仪表形成的现场级控制系统完成;工况变化、紧急事件等情况时,可由控制中心直接发送操作指令,该指令比现场控制系统指令优先级更高,或远程调整泵站内控制系统预设参数。控制中心实时接收各种工艺运行数据、电气系统参数等,实现事故报警等功能。

③视频监控系统。视频监控系统可实现在控制中心内通过视频图像,实时监控现场设备运行状况。由现场安装在多个位置的摄像机采集泵站内的视频信号,通过网络上传至控制中心,由控制中心视频显示设备显示,工作人员可灵活切换图像、控制现场摄像机的运行。

5.5.3 泵站级监控系统

泵站级监控系统即使不与监控中心进行联网,也可实现泵站自身的独立自动运行。该系统主要包括上位监控系统、PLC 控制站、智能化仪表及安防视频系统,如图 5.15～图 5.19 所示。

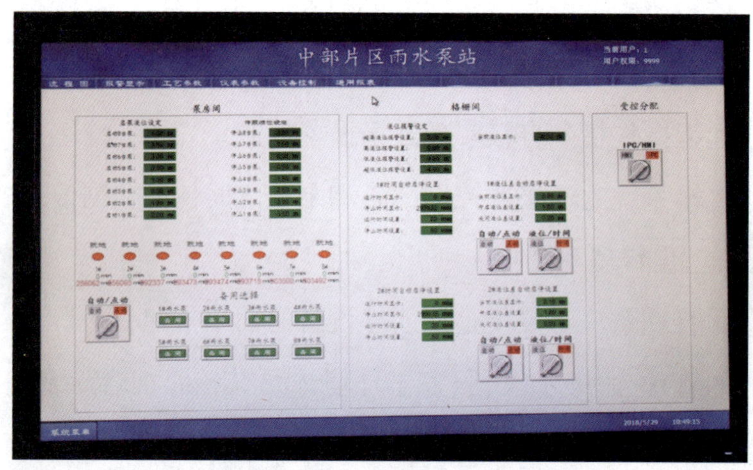

图 5.15 工艺设备数据显示

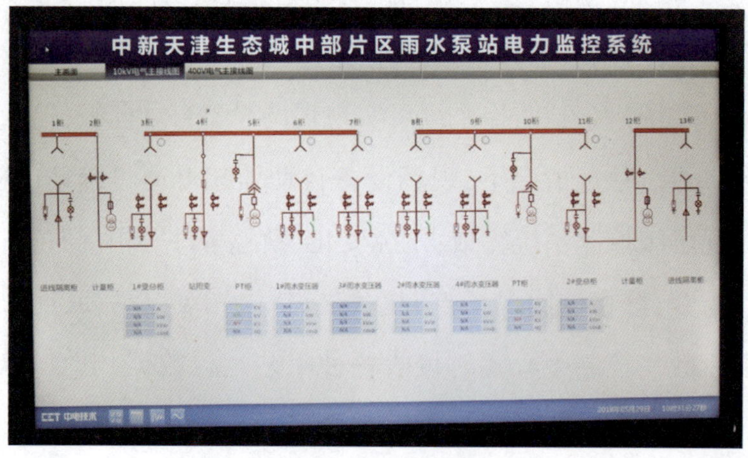

图 5.16 电气系统数据显示

上位监控计算机负责对泵站电气、工艺设备的运行状况、参数等进行记录、存储和分析,提供运行人员调试、监管和事件处理友好的人机界面。上位监控系统为巡视、应急指挥提供了良好平台。

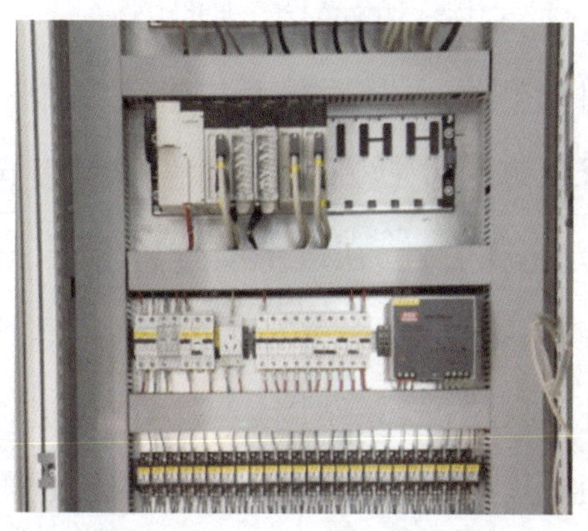

图5.17　PLC控制器及人机界面

图5.18　液位计及流量计

图5.19　分析仪表及雨量计

PLC控制站为泵站的控制核心环节，负责泵站内的全部工艺设备的运行控制、联动控制、各类运行参数的监测、故障报警和控制信息显示，并提供监控人员与控制系统的接口及控制系统与上位计算机、控制中心的通信、管理接口。

智能化仪表利用先进的传感器技术实时检测泵站内各类工艺参数（如液位、流量、压力、水质等）、电气（如电流、电压、功率等）及气象数据等，智能仪表包括超声波液位计、超声波流量计、电磁流量计、智能压力计、在线水质分析仪表、智能电力仪表、智能气象站等。

视频系统直接通过视频图像对泵站设备运行情况、泵站周边安保情况进行监视及检测，是泵站安全运行的重要保障。因此，泵站在庭院、围墙、格栅、水泵区、配电室、控制室内均设置摄像机，实时摄录站内设备运行情况。同时，围墙处设置红外线报警对射探头，对非法闯入进行监测及报警，如图5.20～图5.22所示。

图 5.20

图5.20 前池、庭院及室内摄像机

图5.21 视频监控上位显示界面

图5.22 红外对射探头

5.6 绿色环保的太阳能光伏发电系统

5.6.1 太阳能光伏发电系统建设的意义

生态城雨水泵站主要负责生态城市政道路雨水的排沥,其主要包括水泵、格栅、闸门、建筑照明、监控计算机等设备,泵站内运行的主要能耗为电能,对泵站负荷进行分析可知:泵站水泵及辅机功率大,仅在阴雨天开启,从投资、太阳能系统供电特点及供电可靠性等方面考虑,不利于采用太阳能发电系统;建筑照明及泵站监控负荷适中，属于长期工作负荷，可考虑采用太阳能光伏发电系统供电。泵站建筑照明及泵站监控全年运行，功率虽小，但运行时间长，全年累计电耗高，为了响应国家节能减排的号召，提高中新天津生态城可再生资源的利用率，减少二氧化碳气体的排放，经过技术经济比选，适于采用太阳能发电系统为其供电。

5.6.2 太阳能光伏发电系统技术要点

生态城泵站附属房间建筑在设计时充分利用附属房间屋顶的空地来放置太阳电池方阵，将屋顶设计为太阳能发电站，电池板以与屋顶相同的倾角朝南设置，可以获得最大的年发电量而不至于影响建筑物的美观；由于屋顶没有遮挡阳光的物体，能够充分发挥太阳能电池组件发电方阵，获得最大的发电量，如图5.23所示。太阳能电池组件发电方阵形成一个整体屋顶建筑构件，用以替代传统建筑物南坡屋顶，实现太阳能发电和建筑的有机结合。考虑到太阳能转化率、屋顶敷设太阳能板面积和投资等综合因素的限制，太阳能发电屋顶产生的电能与市电采用并网的方式为泵站小动力设备及泵站日常照明供电，当市电电源断电时，太阳能发电为泵站日常照明及生活用电提供备用电源。太阳能电池板产生的电力经过逆变器后并入低压照明母线，供泵站日常照明使用；并按照“自发自用、余电上网”的电能消纳方式接入泵站电气系统，优先供给内部负荷，蓄电池储满后剩余电力供给泵站外其他用户。并网光伏供电系统具有光伏发电与市电互补的优势，太阳能电池组件、电池组的容量、负荷功率及使用时间不存在严格对应关系，避免了因电池板倾角选择不当而造成夏季发电量浪费、冬季对负载供电不足的问题，如图5.24所示。

图5.23 屋顶太阳能电池板

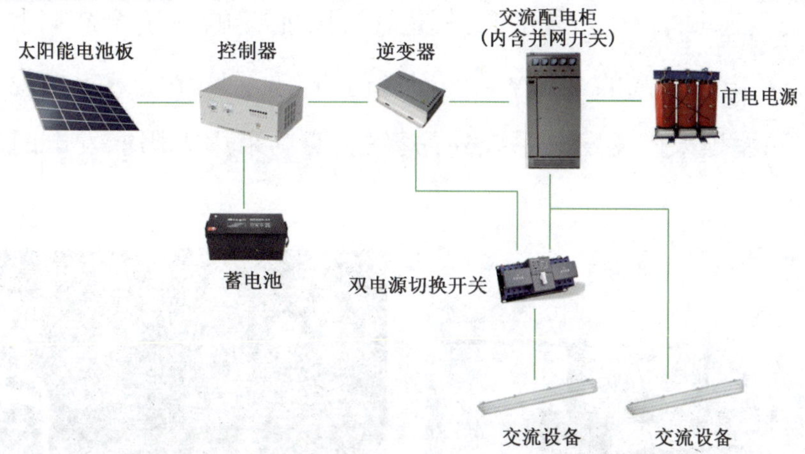

图5.24 太阳能并网发电系统功能原理图

太阳能光伏并网发电系统由太阳电池方阵所产生的电能经过功率调节器、逆变器后与市电网配合在一起给用电负荷使用,优先使用太阳能产生的电能。此系统主要由太阳电池方阵、并网发电用功率调节器、市电电网、用电负荷设备及它们之间的连接电缆等组成。

屋顶太阳能发电系统的工作模式主要包括:

(1)有日照、有市电

光伏系统发电,所产生电能通过并网输出与市电合并共同给泵站负荷供电,并优先使用太阳能所发电能。此时自立、应急输出端无电能输出,所有负荷由市电供电(其中含太阳能所发电量)。

(2)有日照、无市电

光伏系统发电,此时系统自动切断并网输出(防孤岛运行功能)。系统所发电量则由自立、应急端口输出,单独给重要负荷供电。

(3)无日照、有市电

光伏系统不发电,泵站所有负荷由市电供电。同时,市电可以对蓄电池进行补充电。

(4)无日照、无市电

光伏系统不发电,蓄电池放电,通过自立、应急输出端口满足泵站部分重要负荷3~4h的应急用电。

据统计，生态城青坨子雨水泵站屋顶太阳能发电系统全年日均发电量为33.7kW·h，发电量最高的5月平均每日超过40kW·h，节能效果可观。

泵站内除屋顶太阳能发电系统外，庭院照明均采用太阳能发电的庭院灯，如图5.25所示。

图5.25 太阳能庭院灯

5.7 案例分析

5.7.1 中部片区雨水泵站

(1)泵站规模

雨水泵站位于中新大道以西、华五路以北，中新大道与蓟运故道之间绿地内。

雨水泵站的设计流量为20m^3/s，共设8台水泵。设置6台大泵(单台流量为2.8m^3/s)、2台小泵(单台流量为1.7m^3/s)。中小雨水时，开启小泵，将雨水排入人工湿地；大雨时，8台水泵全部开启，将雨水排入蓟运河故道。

(2)水泵设置

泵站内水泵采用大小泵搭配布置，均选用潜水混流泵(图5.26)。

水泵主要工作参数：①大泵单台水泵设计流量Q为2.8m^3/s，设计扬程H为8.30m，电机功率N为315kW；②小泵单台水泵设计流量Q为1.7m^3/s，设计扬程H为8.30m，电机功率N为220kW。

(3)主要工艺流程

主要工艺流程如图5.27所示。

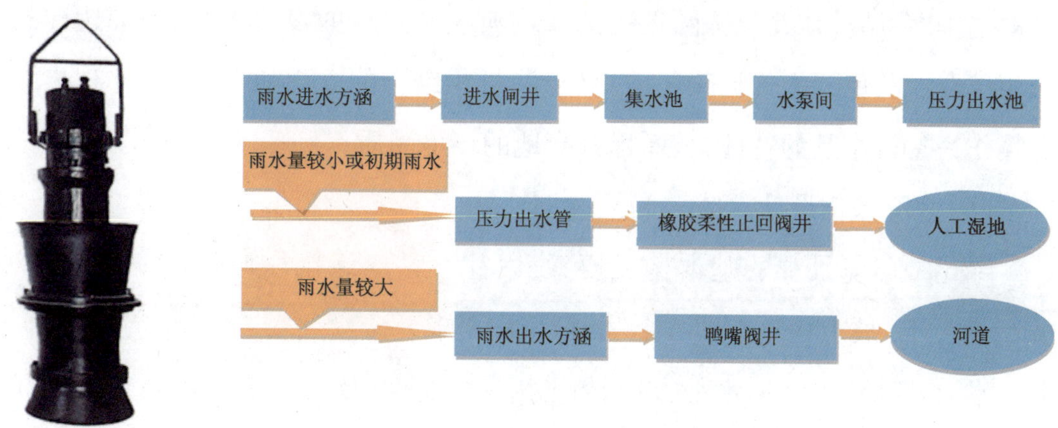

图5.26 潜水混流泵

图5.27 主要工艺流程图

(4)庭院设计

泵站占地面积5730m²,泵站庭院面积5015.85m²。泵房位于庭院西北侧,附属房间位于庭院东南侧,并将附属房间(包括低压配电室、太阳能控制室、值班室)放在前池上面,庭院内另设附属房间(包括高压配电室、环网柜室、控制室及办公室等)。附属房间建筑总面积为586m²。

泵站大门设于中新大道,即庭院东南侧。庭院内除设有泵房及附属房间等建筑物外,还设有庭院道路、给排水、照明、绿化等设施。庭院内部设有环场道路。整个庭院布局紧凑,庭院道路与通往庭院外的主干道(即中新大道)紧密相连,交通便利,满足防火规范要求。庭院平面布局在满足使用功能的基础上,力求做到美观、典雅、风情独特、造型灵巧活泼、高低错落有致,给人以美的享受,建成后成为园区的一景,如图5.28所示。

图5.28 庭院鸟瞰图

(5)庭院建筑设计

泵站位于天津市滨海新区中新生态城,方案设计使建筑整体风格统一协调、简洁大气,充分体现泵站作为市政建筑小品的特色,如图 5.29 所示。

在泵站建筑屋顶设置太阳能板,以体现节能减排的环保理念。泵站处于大片绿地之中,泵站整体建筑构图运用中式古典主义建筑的设计手法,与周边建筑环境相结合。灰色调的外檐颜色、石材与涂料相结合的立面材质,无不体现出泵站建筑作为建筑小品的特性,从而提升绿地的环境品质。

(6)庭院绿化设计

绿化是环境景观的基本构成要素,以往泵站的绿化往往是“一枝桃花一枝柳”,满足于“披上绿化不见黄土”的低层次要求。

本泵站绿化设计从水平方向转向水平与垂直相结合,实用性与艺术性相结合,追求构图、颜色、对比、质感,形成绿点、绿带、绿廊、绿坡、绿面等绿色景观,同时讲究和硬质景观的结合,也注意绿化的维护和保养。

植物设计以本地乡土树种为主,适地适树,在重点地点及地段适当点植大树,形成景点。点植区域种植骨干树种,分层种植。

乔、灌、花、草相结合,萱草等草类地被植物塑造了绿茵盎然的植物背景,点缀具有观赏性的高大乔木,如悬铃木、白蜡、银杏等,以及丛栽的球状灌木和颜色鲜艳的花卉,高低错落、远近分明、疏密有致,绿化层次丰富,如图 5.30 所示。

图 5.29 庭院建筑设计

图 5.30 庭院绿化图

(7)监控系统

泵站内设一套由上位监控计算机、PLC 控制器及智能仪表组成的全自动监控的信息化系统,如图 5.31 和图 5.32 所示。

图5.31 上位监控计算机

图5.32 PLC柜及视频监控机柜

PLC柜负责工艺设备的检测和控制。PLC主要检测和控制的内容为:水泵的控制、手/自动、运行、故障、旁路运行、机封漏水反馈信号、电机绕组超温反馈信号、电机上腔泄漏反馈信号、电机下腔泄漏反馈信号、轴承超温反馈信号;格栅机的控制、手/自动、运行和故障状态;闸门的开、闭控制、手/自动、全开、全关和故障状态;格栅前后液位差及泵池液位;非法入侵信号报警信号;通过电气综保后台系统采集电气系统设备运行状态。泵站内设视频监视柜,柜内安装显示器、硬盘录像机、操作键盘等。同时,值班室内设置一台上位监控计算机。泵站内配置一台便携式有毒气体检测器,可以检测硫化氢、甲烷和氨气的浓度,保证泵站检修调试时工作人员的安全。

(8)太阳能发电系统

通过生态城中部雨水泵站内泵站日常用电及监控设备的用电量统计计算,泵站内安装10kWp屋顶并网发电系统光伏板(图5.33)。变电站内设置专用的太阳能控制室。

图 5.33 屋顶太阳能发电系统光伏板

中部雨水泵站太阳能屋顶并网系统连接当地电网，在阳光充足的月份，系统在满足泵站用电的同时可以向电网送电，如果太阳能发电不够泵站使用，泵站可以从电网取电。

中部雨水泵站采用双回路供电，太阳能并网系统可以作为第三电源。由于有蓄电池储能装置，应急发电时间可以达到4h以上，从而泵站可以节省EPS装置。蓄电池与电网互补，避免了蓄电池多次深度放电，延长了蓄电池的寿命。在泵站的建设初期，电源供电不稳定，太阳能供电也可以作为补充供电，可以收到很好的效果。

5.7.2 雨污合建泵站

(1)泵站规模

雨污合建泵站位于中生大道和蓟运河故道交口的西南角。

雨污合建泵站雨水设计流量为14m^3/s，共设6台水泵。单台流量为2.33m^3/s，中小雨水时，将雨水排入人工湿地；大雨时，6台水泵全开，将雨水排入蓟运河故道。

雨污合建泵站污水设计流量为1.0m^3/s，共设5台潜水排污泵，4用1备，单台流量为0.25m^3/s。污水提升后送入营城污水处理厂。

(2)水泵设置

泵站内雨水泵均选用潜水混流泵。

潜水混流泵主要工作参数：单台水泵设计流量 Q 为 2.33m^3/s，设计扬程 H 为 5.80m，电机功率 N 为 220kW。泵站内污水泵均选用潜污泵。

潜污泵主要工作参数：单台水泵设计流量 Q 为 0.25m^3/s，设计扬程 H 为 9.30m，电机功率 N 为 37kW。

(3)主要工艺流程

雨水、污水收集、处理工艺流程分别如图5.34、图5.35所示。

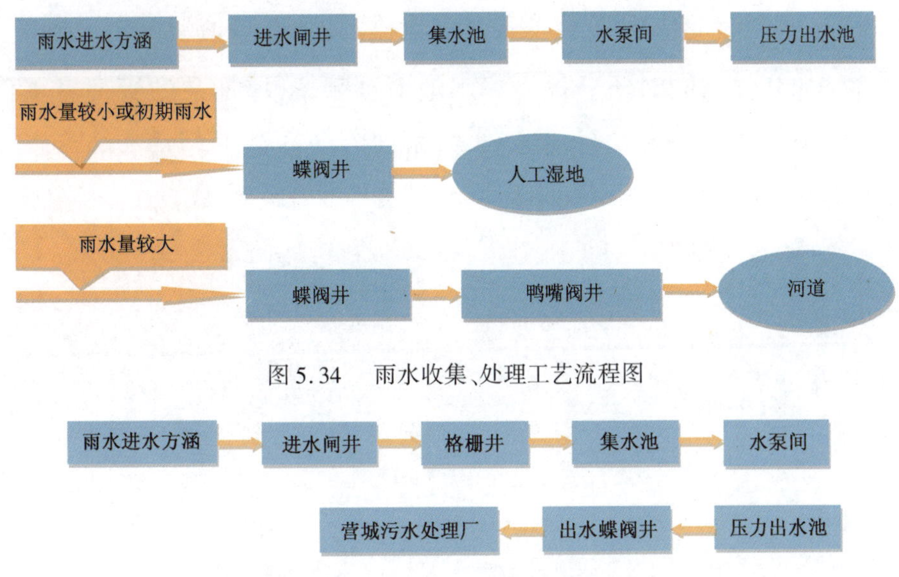

图5.34 雨水收集、处理工艺流程图

图5.35 污水收集、处理工艺流程图

(4)设备设计

①离子除臭设备。

臭气是污水泵站面临的主要问题之一，臭气不仅会造成泵站周边居民的不适感，泵站中的气溶胶对泵站管理者的健康也造成了极大的威胁。因此，合建泵站对污水泵增加离子除臭设备，以减少臭气污染，改善环境卫生。

离子除臭设备由离子发生器、离子传送管、控制系统组成，是用来除臭、清除异味的空气净化设备。合建泵站污水格栅采用全封闭设计，并将收集的气体通过离子除臭设备净化处理。

离子除臭设备的主要原理是在高压电场作用下，产生大量的正、负氧离子，具有很强的氧化性，能在极短的时间内氧化、分解甲硫醇、氨、硫化氢、醚类、胺类等污染臭气因子,打开有机挥发性气体的化学键,最终生成二氧化碳和水等稳定无害的小分子,从而达到净化空气的目的。

②污水搅拌设备。

污水中往往携带大量悬浮性杂质,虽然经过了污水格栅的拦截,但颗粒粒径较小的泥沙等悬浮物仍会随污水进入污水集水池。污水进入集水池后,流速急剧下降,使得原本呈悬浮态的杂质在重力作用下沉淀下来。久而久之,集水池中的沉积物会在压缩沉淀的作用下形成高密度无机污泥。这种污泥的形成,不仅会造成集水池容积的减少,同时还会提高集水池清理频率,增加泵站管理者工作强度。因此,在泵站集水池内设置污水搅拌装置,可以有效避免淤积污泥的产生,使泵站更好、更高效地运行。

第6篇

照　　明

6.1 以绿色节能、和谐环保为导向的道路照明设计

6.1.1 照明设计理念

城市道路照明系统基本目的是改善交通条件、提高道路通行能力和保证交通安全。生态城道路照明设计追求更高的目标,设计中充分立足生态城总体设计理念,从道路环境实际出发,应用先进的技术手段,在满足基本功能需求的基础上打造更加人性、节能与环保的照明环境。

照明设计注重绿色节能的设计理念,充分发挥太阳能、风能等可再生资源优势,大力采用节能、环保的照明设备(图6.1);提倡以人为本的设计理念,保证优良的照明效果,营造明亮、舒适的照明环境,研究车行与慢行系统视觉需求,精准定位,细分系统。

图6.1 生态城路灯

6.1.2 太阳能、风能等可再生清洁能源的应用

(1)太阳能、风能等可再生清洁能源应用现状

随着国际科技与经济的高速发展,能源的消费量在不断提高,能源问题是关系一个国家生存与发展的一件大事,因此迫切需要寻找可再生能源,以补充矿产

资源不可再生的局限性。节能减排和清洁的可再生能源应用在国际上被广泛关注,太阳能和风能产品及新技术研究不断涌现,在建筑、市政工程、汽车、航天科技等领域,太阳能和风能日益被全球关注。

太阳能与其他新型可再生能源相比,具有分布范围广、节能安全、对周围环境不产生有害影响等诸多优点,成为许多世界发达国家首选并大力发展的能源。光伏产业在我国尤其发展迅速,涌现出一批跻身于国际领先行列的大型太阳能电池(图6.2)生产企业,我国已经逐渐成为国际新能源市场上举足轻重的大国和全球光伏产品的主要生产国。

图6.2　太阳能电池板及阵列

风能是人类最早使用的能源之一。远在公元前2000年,埃及、波斯等国就已出现帆船和风磨,中世纪的荷兰和美国已经有用于排灌的水平轴风车。我国也是最早利用风能的国家之一,早在距今1800年前就有了风力提水的记载。21世纪,全球风力发电正在以超预期的发展速度不断增长。我国是世界上风力资源占有率最高的国家,如果风力资源开发率达到60%,仅风能发电一项就可支撑我国目前的全部电力需求。近年来,由于风力发电技术的日臻成熟以及市场规模的不断扩大,建造成本逐渐降低,加上国家政策上的扶持,我国风力发电事业(图6.3)呈现出高速发展的态势。

(2)中新天津生态城风光互补路灯的应用

中新天津生态城具备优质的太阳能风能资源,从成立初期就本着绿色节能的建设理念,积极推广新能源技术,提高能源利用效率,优先发展地热能、太阳能、风能、生物质能等可再生资源,可再生能源使用率到2020年计划达到20%。市政工程建设领域也在积极探索可再生资源的利用,通过对区内资源进行系统统计分析及风光互补路灯设备的严格筛选,在区内大面积建成风光互补路灯,如今其已成为生态城一张独特的风景名片,如图6.4所示。

图6.3 风机及阵列

图6.4 夕阳下的风光互补路灯

①太阳能风能资源统计及评价。

2009年,区内最早的风光互补路灯系统项目立项,地点选在永定洲地区,项目初期第一步就是对区内的太阳能、风能资源进行统计分析,通过评价确定项目建设条件。

根据相关资料,天津所在地区年日照时数2200~3000h,年辐射总量5000~5850MJ/m^2,日平均有效日照时间为7.05h,月平均最高气温30.7℃,月平均最低气温-8.2℃,年平均气温12.2℃,一般阴雨天气不超过3d,属于太阳能资源较充足的地区。为获取风速资料,专门针对永定洲地区进行了监测统计工作,如图6.5所示。

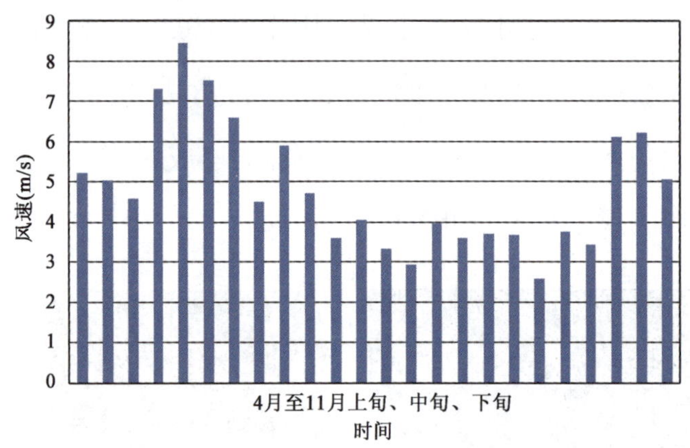

图 6.5　2009 年永定洲地区 10m 处监测风速柱状图

经分析，在风能较小月份(例如7至9月)，太阳能资源较为丰富，太阳能资源相对匮乏的月份(例如11月)，风能相对较高，这样风能和太阳能互为补充，可获取更为稳定、高效的电能资源。通过对生态城全区地域情况的分析，最终结论是风光互补路灯项目可在全区推广。

②风光互补路灯系统。

生态城风光互补路灯系统采用小型风光互补发电系统，主要由小型风力发电机(风机)、太阳能电池板、蓄电池组和控制器等部分组成，如图6.6所示。风力发电部分采用三相交流永磁同步发电机。光伏发电部分采用晶体硅太阳能电池板。控制器根据光伏发电子系统与风力发电子系统实际运行状态及负载和蓄电池电压变化情况，实现对光伏发电子系统与风力发电子系统运行模式的调节，确定系统各部分在最大功率跟踪控制、负载跟踪控制、运行保护控制模式运行或两种运行模式间的转换，同时实时检测系统各参数，以防出现异常的情况，一旦出现异常，能够自动保护并发出报警。

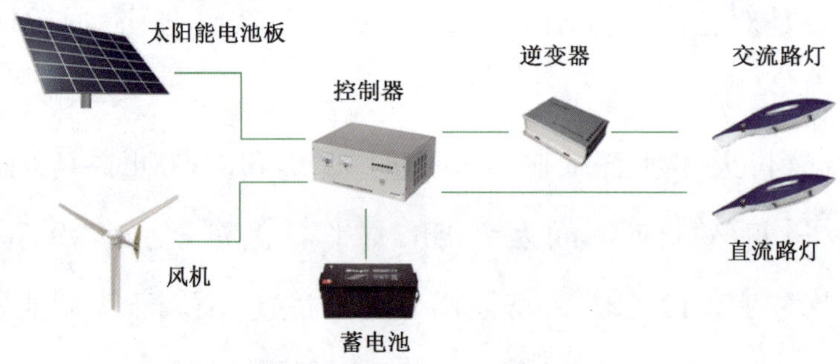

图 6.6　风光互补发电系统结构图

风力发电机组功率与太阳能电池组件功率的匹配做如下安排:取风力发电最低月份的日平均发电量为系统日总用电量的20%,取太阳能发电最低月份的日平均发电量为系统日总用电量的80%。

③应用推广。

风光互补路灯既能节约电能,也可以保护环境,具有显著的经济、环境效益,生态城相关应用对于生态城周边乃至全国不同地区均具备重要的借鉴意义,在天津滨海新区乃至整个华北地区,尤其是沿海城市均具有非常好的推广性。在海港地区、跨海大桥中,风速较大,发电更加理想。风光互补路灯装置中的太阳能电池功率较小,受环境因素影响较大,雪天和风沙天气都能影响其适用效率,实际应用过程中可以采用一定措施减弱环境的影响,如通过适当调整太阳能电池的角度,以减少环境影响,通过采取纳米涂层保持太阳能电池板表面清洁,从而有效收集太阳光,这些措施可使太阳能电池板具有更高的工作效率,同时也降低了维护和运营的成本。

6.1.3　LED节能型光源的应用

19世纪末,爱迪生发明了电灯,从此人类走向了用电照明的时代,灯具的发展也随之经历了漫长而复杂的技术演变和更替。20世纪60年代,LED发光二极管的成功研制也使我们迎来了LED灯的照明时代。LED灯在市政工程中的应用主要兴起于2000年以后,经过十多年的快速发展已逐渐为大家所接受并推广,但并不代表LED灯一定是工程中最优的选择,很多技术仍有待研究突破,在工程中尚需结合实际进行选择。

现今应用于城市道路照明中较为成熟的光源主要包括高压钠灯、LED灯。高压钠灯作为传统光源,目前仍在道路照明应用中占据绝对的数量优势,而大功率LED灯发展较晚,道路照明领域应用有限,随着技术快速的发展、转换效率和光衰控制方面的改良,LED灯才越来越被认可。光源性能对比如表6.1所示。

光源性能对比 表6.1

光源性能	高压钠灯	LED灯
灯具整灯光效(lm/W)	90	100 ~ 150
色温(K)	2000	3000 ~ 6500
显示性(Ra)	25	80
寿命(h)	2	5
启动性能	3 ~ 5min	即开即亮

高压钠灯技术成熟,应用广泛,初期投资低,烟雾穿透力强,但能耗较高,寿命较短,运行费用高。LED灯为新兴技术,技术发展潜力大,逐步推广应用,节能效果明显,绿色环保,使用寿命长,但LED光源的发展初期还存在投资高、烟雾穿透力较差的问题。随着相关技术的快速发展,目前LED路灯(图6.7)效能最大可达到150lm/W,远远高于高压钠灯等传统光源,同时成本大大降低,现在LED路灯的成本仅为10年前的30%,综合来讲,节能效果及经济效益大大提升。

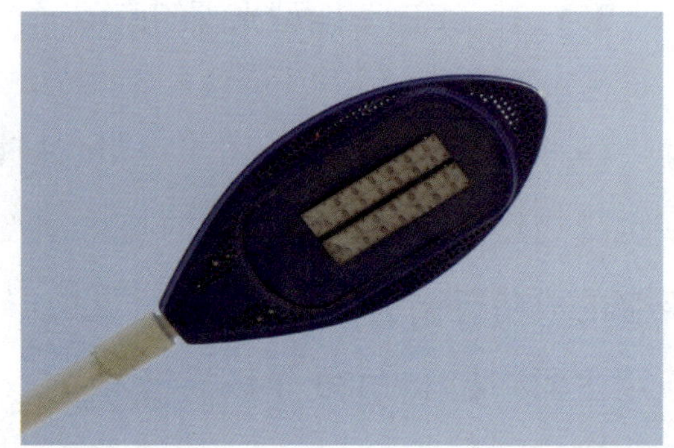

图6.7 LED路灯及灯具

生态城建设初期,LED灯在市政领域的应用尚处于起步阶段,南方如广州等地在工程实际中的应用已初具规模,但主要依赖于地方政府对LED灯生产企业的政策支持。据调研,部分路段仍需要利用传统光源加以补充。北方地区基本尚无大规模使用LED灯的先例,少量使用的地区也仅仅停留于试验阶段,在这样的环境下,规划设计人员通过对道路条件、LED灯技术的分析论证及对市场LED灯产品的筛选,尤其是考虑到LED灯显著的节能效果、良好的显色性、几乎不对生物环境产生影响等特性,认为LED灯更符合中新生态城的建设理念及照明系统的目标定位,最终确定了全区使用LED路灯的建设方案。选择LED灯的另一因素是考虑风光互补路灯的应用,利用LED灯在同等照明效果下功率更小的特点,减少风光互补发电系统的发电容量,使新型能源的应用更具有可行性。路灯建成后,夜间普照的暖白色的灯光清澈纯净,与高压钠灯照明泛黄的灯光效果形成强烈的反差,使夜间的中新天津生态城也不失其靓丽的色彩。

6.1.4 关注慢行系统的照明设计

生态城道路设计遵循“以人为本”的设计理念,在人车分离、慢行优先方面充分体现人性化设计理念,道路断面上将慢行系统与机动车道通过分隔带进行分隔,充分考虑车辆与行人各行其道,即安全又舒适。道路照明作为道路主要的附属设施,完全服务于车辆与行人,遵循道路总体的设计理念,在配合道路断面的布局方面充分做到精细化设计,道路照明的布灯上也考虑采用车行道照明+慢行系统照明的方式,针对两种交通条件制订照明方案,既符合各自的照明需求,又能达到绿色节能的照明效果。

生态城道路路灯布置主要特征是在道路中央隔离带布设车行道照明灯杆,灯杆双侧挑臂,慢行系统布灯充分考虑绿化对照明系统的影响,路灯的位置、路灯的高度避免受到树冠等植物的影响,慢行系统布灯减小对临街建筑物的影响,以及减小对建筑物内人员的光污染等因素,采用沿人行道外侧绿化带布灯,照明布灯设计如图6.8所示。

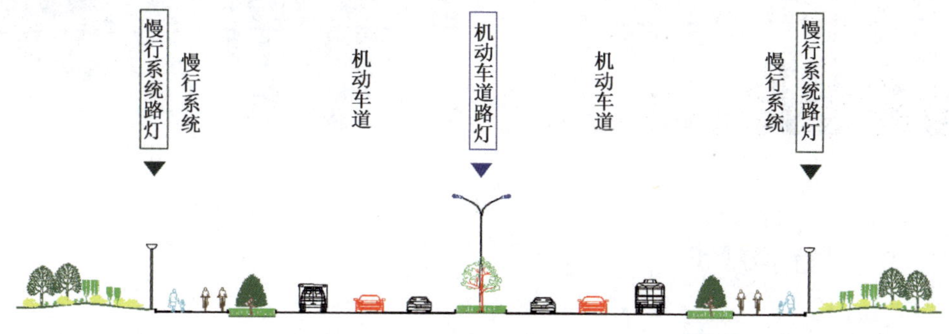

图6.8 照明布灯设计

6.2 案例分析

6.2.1 风光互补路灯

生态城内根据地块特点选取有利条件进行风光互补路灯的建设,主要以漫园区、永定州等区域为主设置了风光互补路灯,如图6.9所示。路灯采用晶体硅太阳能电池板以及全永磁悬浮风力发电机。其中全永磁悬浮风力发电机机身外形严格依照空气动力学精心设计,整机轻便小巧,安装方便,具有很高的风能利用率,增加了发电量,节约了发电成本。

6.2.2 LED 路灯

生态城全区照明均采用了LED光源的路灯照明,如图6.10所示。光源功率根据道路断面情况合理选取,光色采用暖白色,舒适明亮。

图6.9 风光互补路灯

图6.10 LED灯具

6.2.3 慢行系统照明

生态城道路照明设计紧扣道路人车分离的设计理念,随着机动车道、慢行系统交通需求及流量情况分期建设。道路修建完成后便有机动车通行,需先建设完成机动车道照明,而随着区内地块的成熟才有夜间慢行的通行需求,随之再完善慢行系统照明。在慢行系统内绿化带内独立建设路灯,路灯采用36W的LED光源,路灯杆高3.5m,间距10~20m,如图6.11所示。

图6.11 慢行系统路灯

第7篇

智 慧 市 政

7.1 以人为本、友好平安的智慧市政设计

7.1.1 智慧市政设计理念

(1)国内智慧城市建设环境

智慧市政是智慧城市在基础设施建设方面的体现。智慧城市概念最早起源于20世纪90年代,2008年首次由IBM公司提出。智慧城市是运用信息和通信技术手段感测、分析、整合城市运行核心系统的各项关键信息,从而对包括民生、环保、公共安全、城市服务、工商业活动在内的各种需求做出智能响应。其实质是利用先进的信息技术,实现城市智慧式管理和运行,进而为城市中的人创造更美好的生活,促进城市和谐、可持续成长。

目前,全球都在大力发展智慧城市建设,从我国智慧城市建设数量来看,我国已经成为全球建设规模最大的智慧城市国家。

2011年以来,从中央各主管部委到行业、省市,多点、多层次的智慧城市规划纷纷出台。这些规划从宏观政策引导、行业指南应用、资金扶持等多个层面形成了对智慧城市发展的强大政策推动力,为我国智慧城市建设创造了良好的发展环境。

2012年12月,住房和城乡建设部正式发布了《关于做好国家智慧城市建设试点工作的通知》,开始试点城市申报。自此住房和城乡建设部分批次确定了多批国家智慧城市试点,新型城镇化推动智慧城市建设步入实质建设阶段。我国智慧城市建设已形成遍地开花的总体建设格局,除环渤海、长三角和珠三角三大经济区外,多个中西部地区的智慧城市建设均呈现良好发展态势。智慧城市管理、智能交通、智慧安防、智慧医疗等方面是当前智慧城市投资的重点方向。

2016年12月27日,国务院发布的《"十三五"国家信息化规划》将"新型智慧城市建设行动"列为优先行动内容之一,规划中提出了"分级分类推进新型智慧城市建设""打造智慧高效的城市治理""推动城际互联互通和信息共享""建立安

全可靠的运行体系"等要求及举措，其中具体提到了"推进智慧城市时空信息云平台建设试点，运用时空信息大数据开展智慧化服务，提升城市规划建设和精细化管理服务水平。推动数字化城管平台建设和功能扩展，统筹推进城市规划、城市管网、园林绿化等信息化、精细化管理，强化城市运行数据的综合采集和管理分析，建立综合性城市管理数据库，重点推进城市建筑物数据库建设。以信息技术为支撑，完善社会治安防治防控网络建设，实现社会治安群防群治和联防联治，建设平安城市，提高城市治理现代化水平。深化信息化与安全生产业务融合，提升生产安全事故防控能力。建设面向城市灾害与突发事件的信息发布系统，提升突发事件应急处置能力。"

2016 年 8 月 8 日，国务院发布的《"十三五"国家科技创新规划》将"智慧城市"作为构建具有国际竞争力的现代产业技术体系的新一代信息技术之一，具体要求"开展城市计算智能、城市系统模型、群体协同服务等基础理论研究，突破城市多尺度立体感知、跨领域数据汇聚与管控、时空数据融合的智能决策、城市数据活化服务、城市系统安全保障等共性关键技术，研发智慧城市公共服务一体化运营平台，开展新型智慧城市群的集中应用创新示范。"并且，在健全支撑民生改善和可持续发展的技术体系规划中要求"加强城镇区域发展动态监测、城镇布局和形态功能优化、城镇基础设施功能提升、城镇用地节约集约和低效用地再开发、城市地下综合管廊、地下空间合理布局与节约利用、城市信息化与智慧城市等关键技术研发，加强绿色生态基础设施和海绵城市建设技术研发，着力恢复城市自然生态 。"

根据国家层面的规划，各省、市均推出了相应的推进智慧城市建设的"十三五"规划，具体明确了具有地方特色的智慧城市建设方向。

(2)生态城智慧市政设计的总体理念

中新天津生态城自 2008 年成立以来不断在智慧城市的多个领域进行探索及实践，在市政建设方面更是具备超前的智慧城市建设的意识。在各类基础设施建设中综合采用包括射频传感技术、物联网技术、云计算技术、下一代通信技术在内的新一代信息技术。这些技术的应用能够使城市变得更易于被感知,城市资源更易于被充分整合。在此基础上,可实现对城市的精细化和智能化管理,从而减少资源消耗,降低环境污染,解决交通拥堵,消除安全隐患,最终实现城市的可持续发展。建设中注重人文关怀,全方位运用高科技手段适应并再创人们的生活方式,积极适应人们日益提升的对精致舒适的高水平生活质量的追求。

智慧市政的建设符合智慧城市的基本特点,立足普通居民、决策者、管理者、维护者视角,本质上服务于人,积极响应生态城以人为本的建设理念。

生态城智慧市政建设通过传感技术,实现对城市管理各方面监测和全面感知,利用各类感知设备和智能化系统,智能识别、立体感知城市环境、状态、位置等信息的全方位变化,对感知数据进行融合、分析和处理,促进城市和谐高效运行。生态城智慧市政建设充分重视网络建设,发挥宽带互联的作用,通过各类网络技术实现城市中全面互联、互通、互动,为城市各类应用提供了基础条件,极大地增强了城市运行中信息获取、实时反馈、随时随地智能服务的能力。生态城智慧市政建设注重智能融合的应用,基于大数据、云计算技术,通过智能融合技术的应用实现对海量数据的存储、计算与分析,通过人的智慧参与,提升决策支持和应急指挥的能力。生态城智慧市政建设严守以人为本的可持续创新理念,注重服务于人的社会空间塑造,注重从市民需求出发,不断推动创新,实现经济、社会、环境的可持续发展。

生态城智慧市政建设的基本过程主要有:对人与城市行为模式的分析,信息的感知与积累,信息的挖掘及应用,应用先进的传感器技术、大数据、云计算、物联网、互联网+、新型通信网络等技术手段实现工程设计,直至建成服务于人的基础设施。生态城智慧城市总体设计框架如图7.1所示。

7.1.2 智慧路灯系统

1)智慧路灯系统设计理念

智慧市政承载于常规的基础设施建设,城市道路是城市的脉络,人们随时随地不可与之分离,利用道路上分布最广、数量最多的路灯进行智慧设备的布局,是成本低而效果佳的合理设想,灯杆在城市空间的泛在属性也非常契合智慧系统的需求。

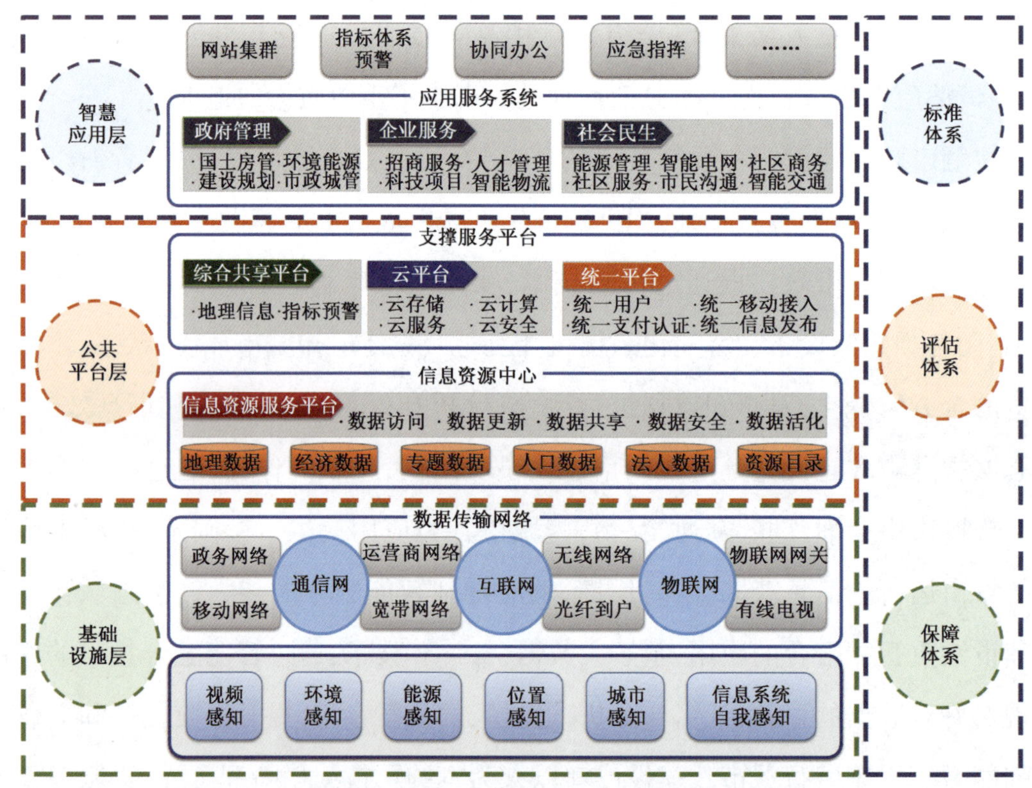

图7.1 生态城智慧城市总体设计框架

智慧路灯以照明灯杆为载体,是集成了音视频监控设备、无线基站、WiFi热点、多媒体屏幕、充电桩以及天气、环境等的各种感知器的新型智能设备。依托强大的综合管理平台,可实现智能照明、绿色能源、智能安防、无线城市、互通互联、智能感知等诸多应用。通过对先进技术的应用,利用照明灯杆整合具有可实施性的智慧城市综合服务系统,可改善城市体验,创造更加舒适、便捷的生活方式。生态城智慧路灯建设总体构成包括监控中心、外场设备及通信网络的建设。

2)外场系统设计

智慧路灯系统通过无处不在的灯杆设备融入城市空间,实现与人的交流,服务于人。外场设备区别于监控中心,外场设备建设即智慧路灯灯杆建设,灯杆作为载体,集成了LED显示屏、监控摄像机、无线AP、微基站、环境监测传感器、网络扬声器、对讲机、充电桩等设备,如图7.2所示。

图7.2 智慧路灯

(1)显示屏系统

LED显示屏可以发布便捷信息或用于广告运营,广告图文信息可随时更换,显示信息包括商业广告、公益宣传、公共信息、区域地图显示、周边环境空气污染状况等。一旦出现紧急事故,可用于发布紧急信息。运用智能化的手段管理广告,控制不同时间段的广告内容,不同区域投放不同广告,可以增加广告效应。由监控中心通过通信链路控制显示屏上发布的信息内容,监控中心可根据需要,随时变换显示屏的图文信息。

(2)视频监控系统

视频监控摄像机分为三类:高清网络球形摄像机、高清网络半球摄像机、人脸识别摄像机。高清网络球形摄像机集成在显示屏上,当报警按钮被按下,球形摄像机自动转向报警人,并将报警信息传输到总控中心,总控中心可根据现场真实状况做出判断;高清网络半球摄像机集成在照明灯具上,用于监控道路状况,采集车辆信息;人脸识别摄像机主要设置在路口,用于采集保存人脸及场景,将人脸的结构化云识别存储作为智慧城市的基数据。

(3)环境监测设计

智慧路灯集成的环境传感器成为微型空气质量监测站,可实时监测 PM2.5、PM10、温度、湿度、SO_2、CO、NO_2、风速、风向、噪声等环境传感信息。对采集的实时数据进行分析处理后,通过城市发布平台实时发布(LED 显示屏发布),方便市民出行,同时为气象局提供基础气象数据,为环保局提供环境污染情况分析数据。

(4)无线 WiFi 系统

智慧路灯集成无线接入点(AP)作为 WiFi 网络的接入点,实现全路段 WiFi 热点覆盖。提升城市的基础网络服务能力,提升市民用户体验,WiFi 登录时自定义的推送页面可进行广告营销宣传。利用 WiFi 对用户手机归属地信息进行实时抓取、采集、整理、分析,为实现精准营销、科学管理创造条件。

(5)微基站

微基站主要应用于人口密集区以及覆盖大基站无法触及的末梢通信,其功耗很低,但信号发射功率没有太大变化。微基站可对当前 4G 信号的传输进行补偿,实现深度覆盖,同时为 5G 信号的普及应用做准备。

(6)网络扬声器

网络扬声器可用于对现场预警提示等的公共广播,也可实现指挥平台与现场的即时、双向语音沟通。

(7)对讲机

利用对讲机可实现报警求助过程中的双向通话,同时可以自动保存对讲的声音录音,方便查询。利用对讲机双键求助报警终端,可实现报警与咨询。

(8)充电桩设计

智慧路灯集成电动汽车交流充电桩,可为电动汽车提供安全可靠的能量补给,实现定电量、定金额、定时自动充满、预约时间等充电功能;使用操作简便,在充电过程中,能够实时显示充电方式、时间、电量及费用信息。

智慧路灯杆上的设备如图7.3所示。

图7.3 智慧路灯杆上设备

3)监控中心

(1)监控中心主要功能

①信息采集功能。

及时掌握区域交通流状况、气象状况、设备运行状况以及事故告警等信息:

及时掌握区域内各条道路的交通流量情况;

及时掌握区域内监控设备、LED显示设备的运行情况;

及时掌握区各个路灯的运行情况以及事故告警信息:

通过视频监控系统完成对本区域道路运行情况的实时监控;

通过视频报警系统了解区域安全信息,如有报警可通过中心设备及时调用报警区域的视频信息,并将报警信息及时上报相关部门;

通过水位检测装置检测下雨时路面的积水深度,并上传至监控中心;

通过空气传感器监测道路区域内空气状况,并上传至监控中心。

②信息处理和控制功能。

监控中心对采集的各种信息进行分析、处理,制订控制方案,并通过图形界面实时显示数据、设备显示内容、设备报警等信息。

对交通数据进行统计。根据上述数据与各自阈值比较,越限时报警(包括故障和告警信息),提出控制方案(阈值可根据实际情况设定)。

控制方式有人工控制和自动控制两种,人工控制优先。

根据系统采集的数据信息,系统能够进行自动分析,对异常的情况报警并提供相应的协调控制方案(包括LED显示屏的显示功能、遥控摄像机的控制命令、出入口控制等),经值班员确认后,下发命令到外场设备。

可控制道路沿线设置的遥控摄像机动作,包括遥控云台上下左右旋转,遥控镜头自动光圈、变焦等;可在任一台监视器或计算机显示器上切换显示摄像机图像,任选一路进行录像,或到投影屏幕墙上显示。

监控中心的控制系统具有图形显示功能,操作人员可以通过实时的图形信息对模拟现场情况进行了解和监视,在适当的时候对设备加以控制,从而实现监视和控制合为一体的功能。

监控分中心对整个区域具有协调和审核的功能,当系统提供控制方案时,监控分中心可核实对应外场设备显示的内容,如果内容不统一或显示信息有严重错误,由监控分中心确定后,再重新将控制命令下发到外场设备。

监控分中心的控制方案可人工修改,也可由超级用户对方案进行完善和修改,具体包括报警方案修改、控制方案修改等。

③信息发布功能。

通过LED显示屏实时向区域内道路使用者提供道路交通信息、通行信息、车位信息、天气信息、雨天的积水深度信息等。

通过设置公众APP,区域使用者可以通过下载公众APP及时了解区域情况。

紧急情况时可通过监控中心及时与电台广播取得联系,但仅限于重大信息的发布。

④数据共享及协调处理功能。

智慧路灯系统监控中心平台可与生态城城市综合管理平台实现数据对接及共享,在业务上可实现多部门的协同作业、紧急调度及应急处理等。

(2)监控中心主要功能模块

①智慧环保系统。

智慧环保系统模块实现了对空气质量的实时数据以及历史数据的监测与评价,可全面反映污染源、在线监测、环境统计等信息的整体情况,通过生成污染源地图、建立污染源档案、在线监测、环境统计,实现城市污染源的在线监控、数据分析、信息展示。对大气环境质量进行全面实时监控及管理,并与GIS地图数据相结合进行展示。

②智慧安防系统。

智慧路灯系统的安防子系统作为平安城市系统的补充与延伸,综合运用了新一代物联网技术、人脸识别技术、深度学习下的图像分析技术、GIS地理信息系统技术、大数据分析、人工智能等高新技术,提供了包括安防事件智能识别、实时监测预警、实时响应程序、基于大数据的安防态势预测性分析等一系列功能,从而全面提升了生态城安防水平,加速了从"汗水警务"到"智慧警务"的演变进程。

③智慧交通系统。

智慧路灯系统的交通子系统作为城市智慧交通系统的补充与延伸,充分运用物联网、云计算、人工智能、自动控制、移动互联网等技术,对交通管理、交通运输、公众出行等交通领域全方面以及交通建设管理全过程进行管控支撑,使交通系统在区域、城市甚至更大的时空范围具备感知、互联、分析、预测、控制等能力,以充分保障交通安全、发挥交通基础设施效能、提升交通系统运行效率和管理水平,为通畅的公众出行和可持续的经济发展服务。

④智慧照明系统。

智慧照明系统采用物联网技术、GIS地理信息系统技术等对区内所有路灯进行实时监控,优化控制策略、提升道路照明服务水平、解放管理部门人力、保障设施运行安全有效。

⑤智慧应急系统。

智慧应急系统利用先进的传感器技术、视频识别技术等全方位检测城市中可能出线的各种灾害,提升应急处理能力、反应速度,及时快速做出正确的决策。该系统包括道路积水监测、明火及烟雾监测、货车等特殊车辆监测、危化气体扩散检测等，全面保障城市安全。

监控中心计算机系统如图7.4所示。

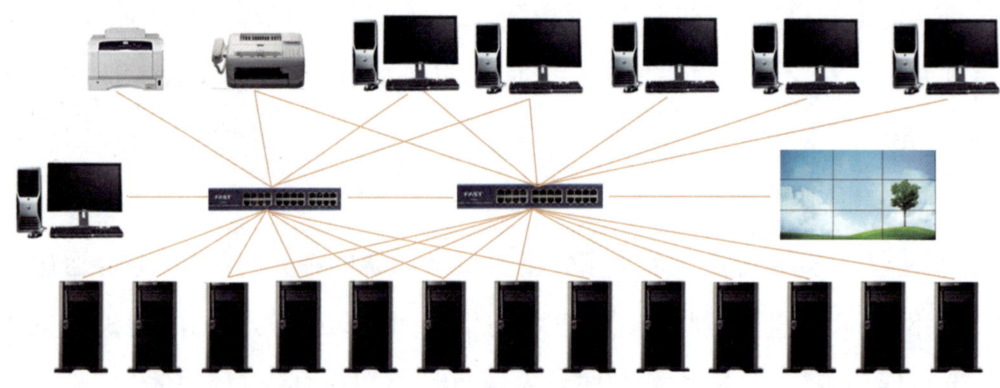

图7.4 监控中心计算机系统

7.1.3 智慧交通系统

(1)智慧交通系统设计理念

智慧交通系统将先进的云计算技术、信息融合技术、数据通信传输技术、远程控制技术以及计算机处理技术等高科技技术有效运用于城市道路交通管理。出行者可进行实时交通方式和交通路线的选择；交通管理部门可自动进行合理的交通疏导、控制和事故处理；运输部门可随时掌握车辆的运行情况，进行合理调度。从而使路网上的交通流运行处于最佳状态，改善交通拥挤和阻塞，最大限度地提高路网的通过能力，提高整个公路运输系统的机动性、安全性和生产效率，同时也减少了公路运输对环境污染的影响。通过综合交通管控平台，将交通基础信息数据库和交通指挥中心等系统有机地结合为一个整体，并与城市物流信息平台、交通政务平台及其他城市公用信息平台相连接，从而充分发挥系统的整体效益。

(2)智慧交通系统技术要点

生态城智慧交通可分为道路交通管理及公共交通管理两部分，具体包括交通信号控制系统、电子警察系统、交通视频监控系统、交通信息采集与发布系统、卡口牌照识别系统、交通应急管理系统、智能公共交通系统、停车诱导系统等功能子系统,如图7.5所示。

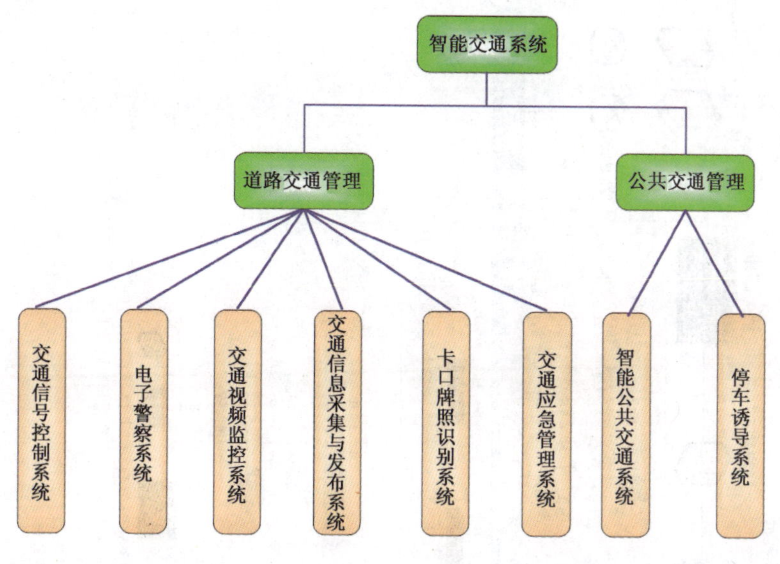

图7.5 智慧交通系统总体架构

生态城智慧交通由交通信息管理与服务平台、各子系统前端设备及通信系统等组成。

①智能交通管理中心。

智能交通管理中心是为交通指挥系统服务的统一信息平台,以信息技术为主导,以计算机通信网络和智能化指挥控制管理为基础,建成集高新技术应用为一体的智能化指挥调度集成平台,实现信息交换与共享、快速反应决策与统一调度指挥,实现交通指挥现代化、管理数字化、信息网络化、办公自动化,提高交通管理部门的道路交通管理水平。监控中心计算机系统如图7.6所示。

智能交通管理中心建成后,将形成结构合理、负载均衡、内外沟通的计算机网络系统,在网络系统基础上,建立满足日常办公和管理工作需要的软件环境,开发各类信息库和应用系统,实现各信息管理系统的互联和协同、各种数据资源的高度共享和集中管理,为各部门提供充分的网络信息服务。

管理中心部署信息管理与服务平台,该平台可实现各种信息采集、处理、管理调度、统计查询、应急管理等功能,同时部署支撑系统及各业务子系统,如图7.7所示。

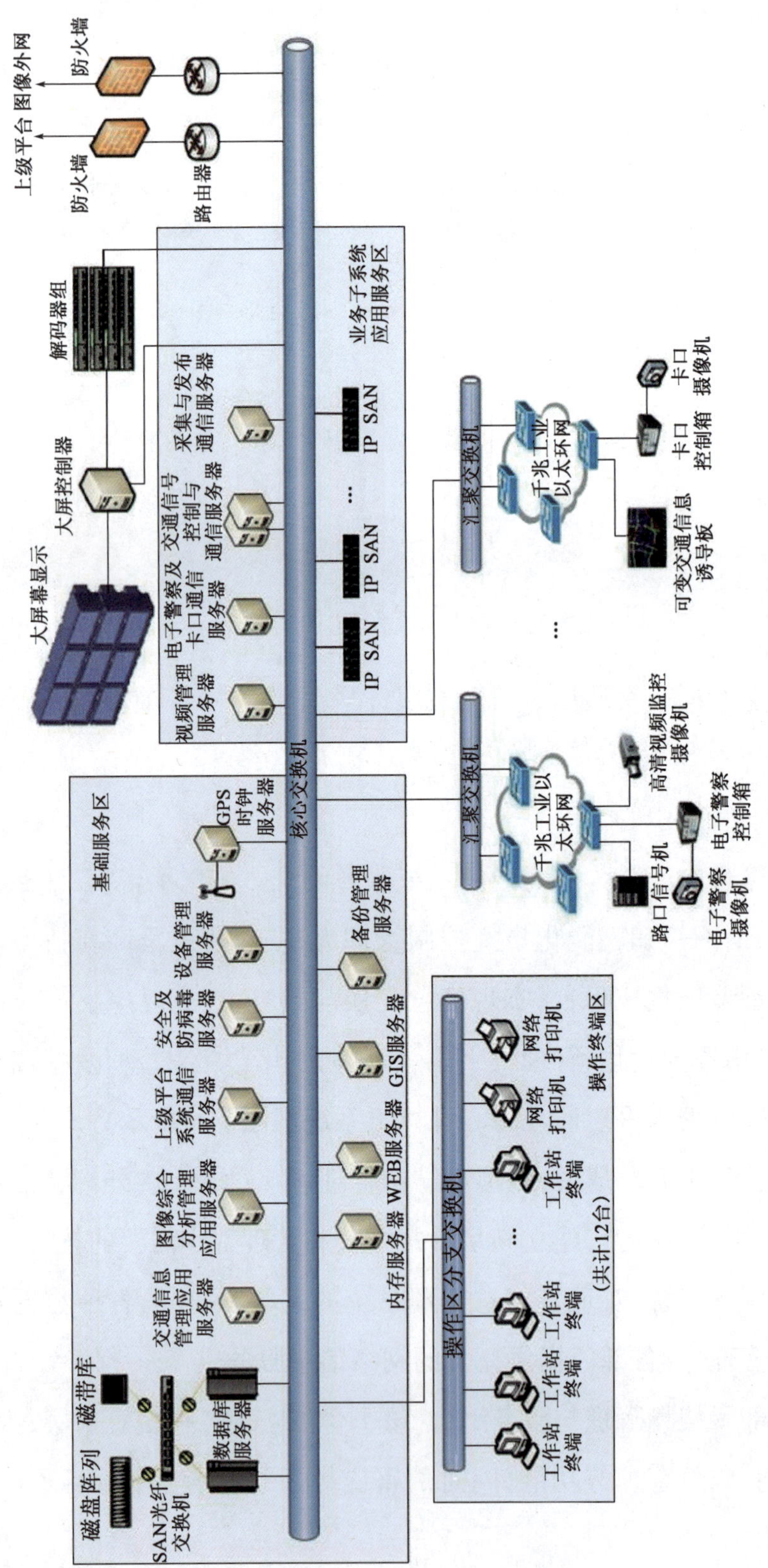

图7.6 监控中心计算机系统

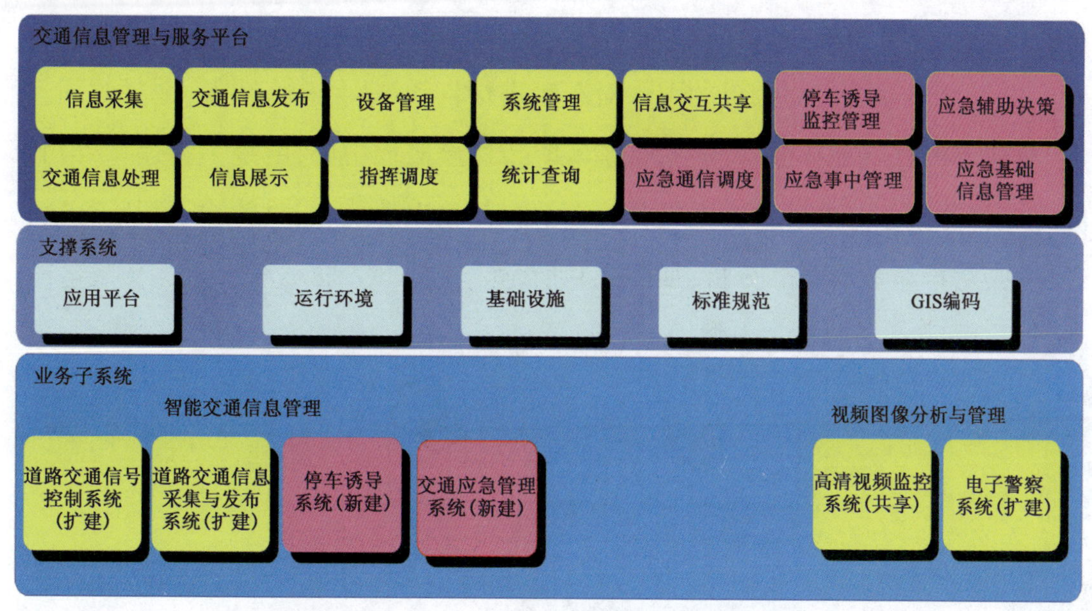

图7.7　监控中心软件系统架构

②交通信号控制系统。

交通信号控制系统主要由交通信号控制中心设备、通信系统、路口信号机、交通信号灯及车辆检测线圈等组成,如图7.8所示。交通信号控制中心设在智能交通管理中心内。交通信号控制系统是智能交通系统的重要组成部分。在生态城建设先进的交通信号控制系统,实现自适应控制、生态城区域协调控制。交通信号控制系统采用多层次分布式控制结构,共分为三层,包括中心控制级、通信级和路口级。

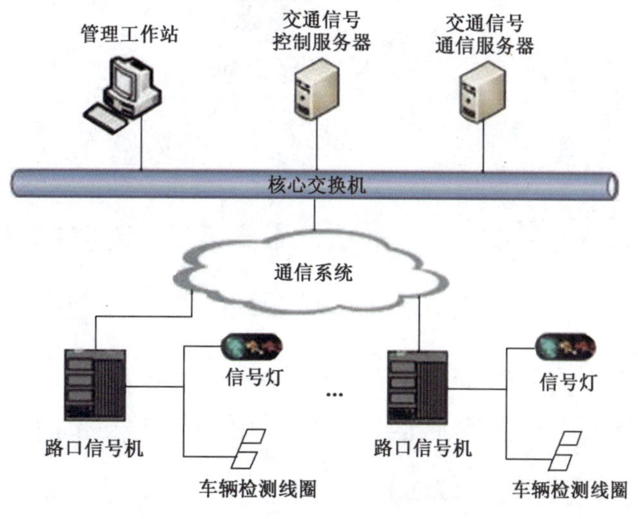

图7.8　信号协调控制系统

③电子警察系统。

电子警察系统根据拍摄的图像对车辆进行自动识别,并将图像、通过时间、牌照、车速等信息就地存储,经通信系统实时传送至监控中心,由统一的违章处罚部门完成执法操作。电子警察系统具有高清视频输出功能,实时传输至智能交通管理中心,进行显示、存储、分析,如图7.9所示。

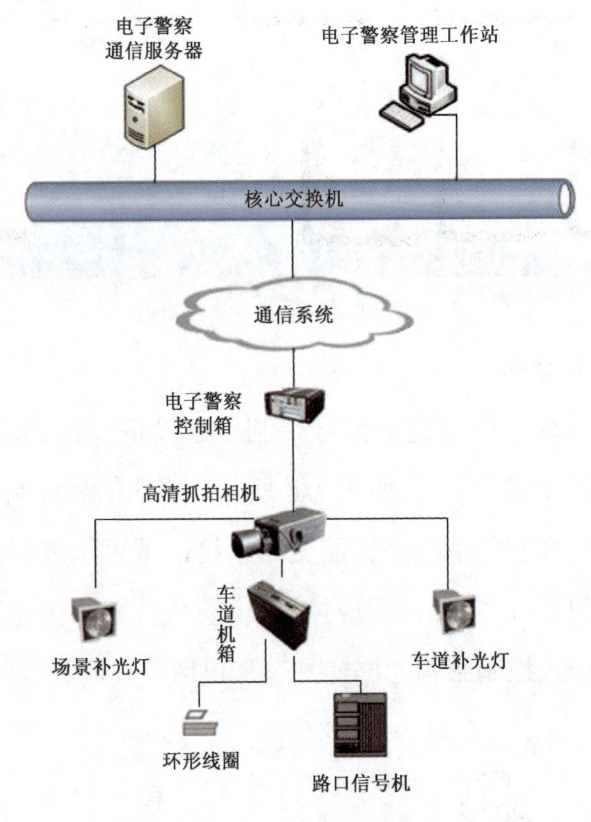

图7.9　电子警察系统

④交通信息采集与发布系统。

交通信息采集与发布系统由交通信息采集系统、交通信息处理系统、交通信息发布系统组成,如图7.10所示。生态城交通信息采集的内容主要通过交通信号控制系统中布设的交通参数检测器获得。在进出生态城主要道路分流点设置可变交通信息诱导板。可变交通信息诱导板用于动态发布前方道路交通拥挤程度、主要节点行程时间、交通违章的提示信息。交通诱导信息由智能交通管理中心统一发布,要求提供信息必须简单易懂,能真实反映路网的实时交通状况;通过交通信号控制系统采集交通参数数据，并从高清视频监控系统中获得交通状态信息；通过微波车检器采集交通流量。

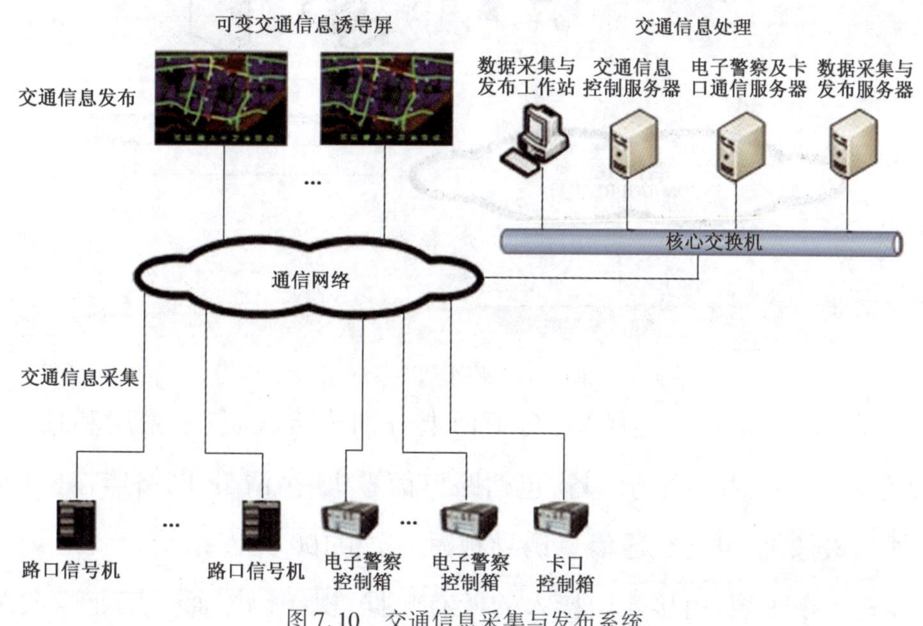

图7.10 交通信息采集与发布系统

⑤停车诱导系统。

为提高生态城道路交通的管理水平和服务水平，减少因盲目寻找停车空位而附加的交通量，从而缓解交通拥堵，同时提高公共停车场（库）的利用率和均衡性，增加经营者收益，生态城内建设停车诱导系统。停车诱导系统功能包括泊位信息采集、通信、信息处理、信息发布，针对生态城核心功能区域停车场的布局采用分区诱导、分级诱导的模式。停车诱导系统主要由中央诱导控制管理系统、诱导信息发布系统、泊车位数据采集系统及数据传输系统组成，如图7.11所示。

⑥通信系统。

通信系统为各个业务系统之间、业务系统内部提供必要的数据、图像信息传输通道。它是保障系统安全、高速、畅通、舒适、高效运营及实现现代化交通管理必不可少的手段，起着智能交通系统中枢神经的作用。通信系统设计时，对整个智能交通统一考虑，设置完备的统一通信系统，通信系统由各类交换机及通信光缆共同组成一个全数字的IP网络。通信线路的主要传输介质为光缆，由其连接不同的交换机构成统一的传输网络。

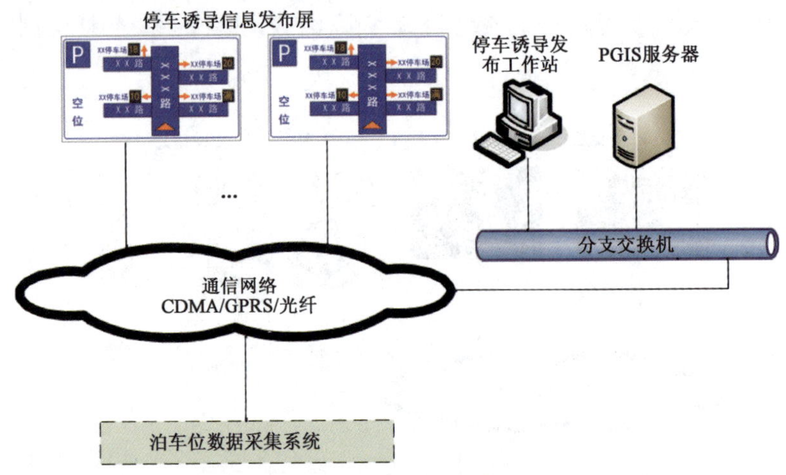

图 7.11　停车诱导系统

现场通信网络采用三层结构，自下而上分别为接入层、汇聚层和核心层，如图 7.12 所示。接入层：现场设备，包括路口信号机、高清 IP 网络监控摄像机、电子警察抓拍摄像机、可变交通信息诱导板，均通过 100 兆网络接口就近接入百兆工业交换机。汇聚层：由接入层接入的所有数据、视频码流通过工业以太网在中心汇聚交换机实现汇聚，网络结构采用双链路星形结构。核心层：汇聚交换机通过万兆接口接入核心交换机，最终实现所有信息的交互。

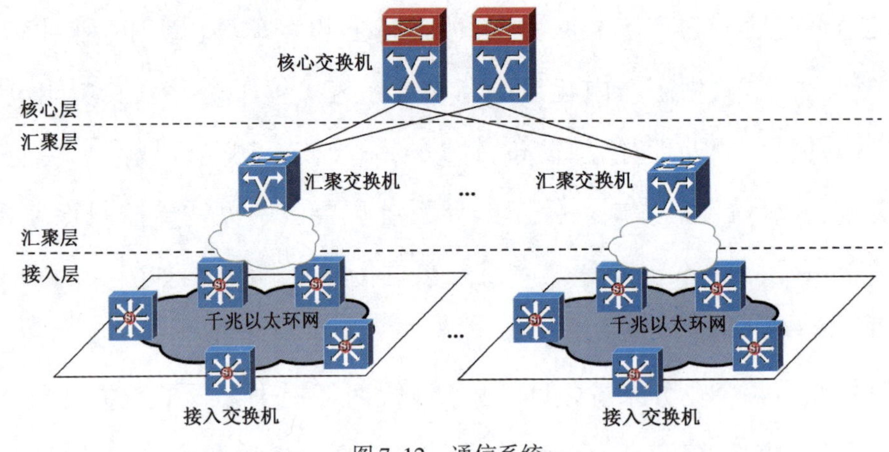

图 7.12　通信系统

7.1.4　平安城市系统

(1)平安城市系统设计理念

随着生态城经济建设和各项社会事业快速发展，工业化、城市化进程的不断推进，企业不断入驻并日趋壮大，导致园区的人口密集、流动人口增加，引发了园区交通、社会治安、重点区域防范等城市管理问题，给社会治安安全带来严峻挑战。在动态、复杂的环境下，单一的以人力为主的交通勤务和传统的人防已远不能满足对交通，特别是治安安全的要求。

建设视频监控系统是平安城市建设的重要手段，视频监控系统是智慧城市的一个子系统，也是智慧城市的一个重要的信息来源，是社会治安管理工作由人力管理转向科技管理的重要实践。视频监控系统运用先进的监控和网络技术，在主干道路、治安复杂路段和重要区域安装监控设备，以便直观、实时、全天候地反映重点地区的治安、交通状况，随时掌握重要部位的治安动态，及时有效地录像取证并快速处置，能够最大限度地减少犯罪案件，有效防控刑事犯罪；同时，有利于妥善处置交通事故，营造和谐稳定、安全放心的治安环境，为生态城经济持续、快速发展营造一个良好的治安氛围。

生态城视频监控系统建设：通过各种信息化的手段，建立自感应、自适应、智能化社会治安防控体系；通过标准化和规范化的建设，在系统联网与信息共享等方面提高异构系统的兼容性，消除平安城市建设中的信息壁垒和信息孤岛问题，同时提供多种类型的信息服务接口，实现视频系统与智慧城市不同功能间的无缝对接，促进信息资源共享，实现综合执法、应急指挥和公共安全管理等方面协同发展。

生态城视频监控系统以科学发展观为指导，以加强社会和城市科学管理、加快科学发展示范区和人民幸福之都建设为目标，以充分利用并整合社会现有资源为基础，注重运维工程的同时，以建设综合管理平台为支撑，以公安、交管、安监、建设单位的实战应用为主、兼顾其他部门共享为原则，以统一规划、政府推动、市场运作为手段，构建数字化、网络化、智能化社会治安综合防范体系；最大限度地利用监控科技手段，与公安、交警、数字城管、应急指挥等业务相结合，实现以人为本、重点监控的管理理念。

(2)平安城市系统

生态城平安城市设计上强调“整体设计、全功能、全覆盖、突出应用”。

在设计时考虑整体性及资源共享性，各监控子视频采用统一标准，整体规划，保证视频资源共享，避免重复建设。

平安城市系统建设采用先进的技术手段和系统架构，整合治安监控资源、道路监控资源、社会监控资源和已建视频资源，在统一的标准框架下实现统一部署、资源共享、平台共用，构建全网各种设备接入、各子系统互联互通、区域视频信息系统互联共享的可扩展规模和升级应用的视频信息管理系统。

监控系统建设时必须整体规划，按照政府统一要求和部署，采用高科技、新方法对城市管理进行综合分析和监控，提高城市管理水平和城市运行效率，增强城市应对突发事件的能力，加快城市数字化进程。

系统建设能满足公安、交管、安监、建设等单位之间的信息横向、纵向共享需求；满足公安固定/移动报警系统等各应用系统对监控图像共享的需求，为监控资源数字化整合共享提供接口支持。视频监控与报警信息不仅要满足公安机关、交管部门对于城市治安管理、交通管理、应急指挥等的需求，而且还能兼顾政府及相关部门对灾难事故预警、安全生产监控、环境等方面的视频图像调看需求。

系统建设突出应用，以实际需求为导向，以有效应用为核心，以技术建设与工作机制的同步协调为保障，确保系统能有效服务于公安和政府工作的需要，充分利用视频信息资源，结合各种应用业务，围绕打造“数字城市”、创造“平安城市”、保障和谐的城市环境和良好的社会治安条件，不断提高公安机关预防、打击犯罪、严密治安管理和维护社会稳定的能力。采用主流、先进的技术构建系统平台，满足可视化社会治安防控需要，为城市数字化管理、公安治安监控、政府市政管理、应急联动指挥等提供业务支撑，促进城市图像信息综合应用，利用先进的数字化、自动化和智能化技术，实现“指挥点对点可视化、系统运行数字化、应对决策扁平化”。

(3)生态城平安城市重点建设视频监控摄像机及系统中心管理平台

为满足全覆盖、多情景的监控需求，设计选择多种类型视频监控摄像机，包括球形动点摄像机、微卡口定点摄像机、可视域球机、热成像枪球联动、全景摄像机、全局摄像机、深眸枪球联动、黑光枪机、黑光球机等。常规路段一般采用球形动点摄像机、微卡口定点摄像机。定点摄像机用于对路口各断面,监控来车方向车辆及人员(同时具备微卡口功能),可识别机动车车牌;动点摄像机用于对通行路口车辆及人员的全景动态监控。重点部位监控系统包括可视域球机、热成像枪球联动、全景摄像机、全局摄像机、深眸枪球联动、黑光枪机、黑光球机等。可视域球机布设在生态城主要道路,在中心平台可看到每个球机的旋转位置及可视面积的实时情况,配合中心平台可实现集中布控及道路安保。全景摄像机布设在生态城各制高点,可实现全景无盲区监控,同时可捕捉大场景中的局部细节,实现针对大场景的指挥调度以及针对局部的特写抓拍。全局摄像机采用基于深度学习算法的摄像机,布设在重点单位出入口,可在视频监控的同时提取人体特征,在覆盖较大监控场景的同时,能够对场景中关键目标进行高效的结构化提取。枪球联动可对重要区域进行图像采集监控,并进行智能侦测、分析,当发现报警目标时,会联动智能高速球机对报警目标进行拉近、跟踪。深眸枪球联动支持施工检测、路障检测、抛洒物检测、行人检测、停车检测、拥堵检测、侧方位停车等道路事件检测功能。热成像枪球联动适用于光线复杂场景的事件检测。监控摄像机在布置上采取点、线、面相结合,以核心区域为重点,兼顾外围的安防布点策略。

(4)中心综合管理平台

中心综合管理平台(以下简称“管理平台”)是以视频、报警等信息的综合应用为手段,综合多种业务的全方位应用管理系统,能有效结合数据关联分析等技术手段实现对系统信息的比对、判断及联动控制操作,集多种管理手段、分析处理手段于一体,最大限度地提高视频监控的作用和效率。

管理平台建设成为可扩展的开放平台,发挥监控系统在加强社会管理、提升效率、组织群防群治、预防和打击违法犯罪等方面的作用。支持实时视频监控检索、信息数据上传下调,并能通过对接,实现与三台合一、区域联网报警等系统集成联动。有效整合视频监控资源,实现授权共享,最大限度实现跨地区、跨部门视频监控资源共享和互联、互通、互控,可以为安监、交通等政府管理部门预留图像接口,实现资源共享。

管理平台实现本辖区范围内视频监控、电子卡口、电子警察等统一管理、录像存储、媒体转发、接口服务、解码上墙等功能。将本辖区范围内全部电子卡口、微卡口和电子警察结构化数据实时推送到滨海新区视频共享平台，将重点视频实时推送到新区视频共享平台，同时将电子卡口、微卡口数据（含结构化数据和图片）实时推送到天津市公安局大数据平台，满足市局共享平台、新区共享平台、公安网实战平台、各委办局、生态城监控中心及分局对视频访问的需求，同时要保证视频访问的安全。

管理平台建设成为大数据平台，承载生态城全部视频监控资源、卡口资源、电警资源的管理及各类应用。监控中心内设置大数据服务器，用于对所有结构化数据信息的存储及大数据检索，中心存储采用云存储系统。

平安城市系统如图7.13所示。

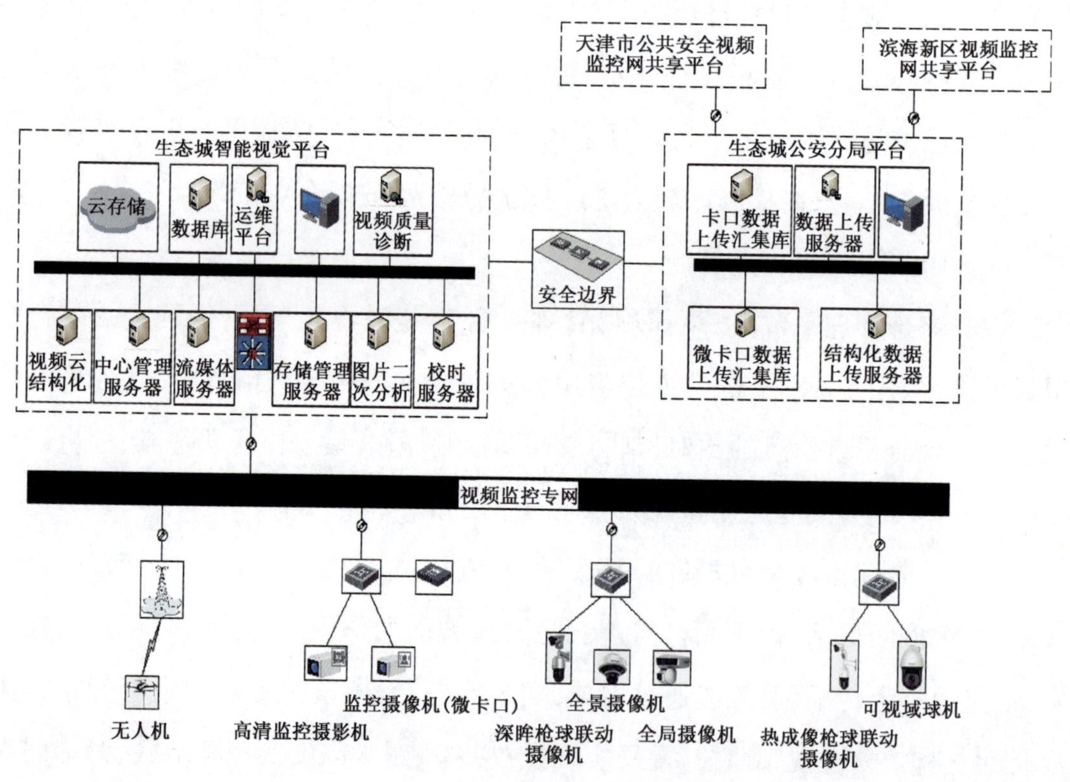

图7.13　平安城市系统

7.2 案例分析

7.2.1 监控中心

生态城内智慧路灯、智慧交通等系统中心平台均部署在生态城运维中心内(图7.14),通过接口与综合管理平台进行连接,可实现统一管理调度、数据共享分析等工作。平安城市中心监控平台部署于建管中心内(图7.15),可实现生态城其他管理平台、公安系统监控、滨海新区监控平台的数据共享、共用,提升治安防控能力。

图7.14 运维中心——城市综合管理中心

图7.15 建管中心——视频监控中心

7.2.2 生态城智慧路灯

生态城于2018年启动首批智慧灯杆建设,共计划建设379组,7月完成安装并投入使用。智慧路灯杆除了提供基础照明,还具备显示屏信息发布、交通路况监控、安防监控、语音报警求助、WiFi热点发射、空气质量监测、电动车充电、公共广播播报、城市噪声监测、道路积水监测等10项智慧功能(图7.16)。按照计划,生态城首批设置智慧路灯杆投放区域为合作区175组、旅游区204组,主要围绕起步区打造中新大道、中生大道—海博道、中津大道—海旭道、安正路4条示范道路,根据前期示范道路运行情况,未来将逐步在生态城更大范围推广。

图7.16　智慧灯杆

7.2.3　生态城智慧交通系统设备

生态城智慧交通系统设备在全区覆盖,包括交通信息管理与服务平台、交通信号控制系统、电子警察系统(图7.17)、交通信息采集与发布系统、停车诱导系统、通信系统等。

图7.17　交通监控设备

参 考 文 献

[1] 杨丽丽, 张鸿斌, 张运山. 中新天津生态城青坨子泵站中 CFD 模拟的应用[J]. 中国市政工程, 2012(S1):80-82.

[2] 张鸿斌, 杨丽丽, 武照远,等. 中新天津生态城的市政排水泵站生态设计[J]. 中国给水排水, 2014(18):89-92.

[3] 李鹏, 李曦淳. 中新天津生态城科技园排水工程中新技术应用[J]. 中国市政工程, 2012(S1):86-87.

[4] 葛铜岗, 黄鹏, 尚巍,等. 人工湿地在天津生态城水系构建中的应用建议研究[J]. 环境科学与管理, 2016, 41(12):140-143.

[5] 中华人民共和国住房和城乡建设部. 海绵城市建设技术指南——低影响开发雨水系统构建(试行)[S]. 2014.

[6] 中华人民共和国国家标准. GB 50265—2010 泵站设计规范[S]. 北京: 中国计划出版社, 2010.

[7] 天津市市政工程设计研究院,天津市城建设计院有限公司. 天津市海绵城市建设技术导则[R]. 2016.